Plastic

the age-reversal micro-plastic surgery

微整形逆齡之鑰

哪一種微整形療程，
才是你真正需要的？

臺北韓風整形外科診所主治醫師

廖俊凱醫師・著

自序
追求「美麗」　永無止盡

　　詩經三百篇第一首即大方記述：「窈窕淑女，君子好逑」、「窈窕淑女，寤寐求之」、「窈窕淑女，琴瑟友之」、「窈窕淑女，鐘鼓樂之」；晉書潘岳（安）傳亦記載，「岳（安）美姿容，嘗挾彈出洛陽道，婦人見之，皆連手縈繞，投之以果，滿載而歸。」。由上述這兩段節錄之反應當時社會景況的古文可以發現，不論男性或是女性，對於「美」的追求與歌頌；演繹迄今，這股尚「美」的風潮從未消退，甚至有過之而無不及之影響，差異只在於現代整形醫學科技水準的進步與持續提升，讓追求「美」的這股熱潮成為一種時尚表徵與提升自我的利器。

　　最早的整形，指的是在醫院中所進行的外科整形手術，大多偏向身體的傷殘與修復，跟「美感」沒有絕對的關係。然而，隨著人們消費能力的提升、生活的改善以及大眾媒體的傳布，讓民眾將目光轉向於自身外表良好正面形象的嚮往。但因民眾每日仍要為工

作奔波，對於需要一段時日才能恢復的外科整形手術逐漸不太能接受，轉而青睞一些相對簡單且不太需要恢復休息的整形項目，導致微整形服務需求的興起。而在時代氛圍的改變下，藝人等許多公眾人物無所顧忌地公開自己的人工美，暢言自己的微整形經驗，間接背書其能為美麗提供比較安全的保障，更成為一股推波助瀾的助力。

　　臺灣某家人力顧問公司調查指出，國內有近61%的人曾經進行醫學美容整形，這群人利用做臉、微整形或是手術，固定投資自己的外貌，他（她）們認為可以增加自信心，並增進職場上的人際關係。該調查也發現，整形已經不是女性的專利，男性也越來越願意花費在外貌上，男性的消費人數，每年以三成的幅度成長中；曾經到醫院的醫學美容中心或是醫學美容診所的民眾，每五位客人中就有一位是男性。

　　再舉兩個例子，日前新聞報導南韓綜藝節目推出整形單元「火星人病毒」，大方公開一位化名為徐珥秀的女子，談過去七年間動過一百二十次大大小小的整形手術，並稱花費超過一億韓元。徐女更表示因想成為更好更美的人，但又無法重回娘胎再生一次，故只能仰賴整形。節目中更請來醫療團隊幫助長相平凡、沒自信的女子整形，從臉蛋、牙齒和胸部全部改造，讓素人徹底變身，節目推出後迅即爆紅。

　　另一個例子則是美國經濟學家的兩項研究結果。一項研究指出，面貌姣好的人較容易找到工作，薪水也比平庸外貌的人多出10～15%；另一項研究則發現，帥哥比醜男多賺17%，美女則比醜女多賺12%，假如換算成一生的收入，俊男美女要比長相平凡的人

多賺二十三萬美元,將近新臺幣七百萬元。從以上的例子可以得知,整形已經從過去隱晦的禁忌話題,演變為人人可於檯面上大方公開談論的話題。

不僅如此,現代名人的名氣也映證了這股時代趨勢,如前副總統呂秀蓮曾割過雙眼皮、打過肉毒桿菌,還做過電波拉皮,以及南韓總統李明博曾經植髮的年輕效果令世人眼睛一亮。同時,雜誌報導也指出,以美國、中國及臺灣的市場為例,美國平均每十人就有一人施打肉毒桿菌;中國每年有三百萬人接受整形手術;臺灣2012年施打玻尿酸的人次則超過七萬人,平均每天有193人次施打。更有甚者,臺灣貿易協會統計2011年來臺灣進行觀光醫療的39,000名中國遊客中,約有三成是來做微整形。顯示這股追「美」求「麗」(利)的熱潮持續火熱,蔚為時尚。

此外,前幾年一項針對臺灣民眾的微整形調查,實際訪談了10,466名曾做過微整形的民眾,結果發現肉毒桿菌及玻尿酸是微整形最夯的服務項目。民眾願意接受醫學美容,主要是想要「變年輕」。調查發現,高達55%曾注射過肉毒桿菌的人,目的是為了除皺、瘦小臉、全臉拉提;而二十歲的人施打玻尿酸,目的是為了隆鼻、隆下巴及去除法令紋;三十歲的人則是為了去除法令紋、淚溝及隆鼻;四十歲的人則是為了去除法令紋、淚溝及皺眉紋。

日前,一本知名雜誌調查發現「全球每三個非手術整形療程中,就有一個是施打肉毒桿菌」、「全球每四個整形手術中,就有一個抽脂手術」、「臺灣平均每天有二十五人隆乳」、「臺灣平均每天有五十人割雙眼皮」、「臺灣曾打過玻尿酸的人中,每五人就有一人做過隆鼻」、「臺灣割雙眼皮的價格比韓國便宜50%,比中

國便宜75%」，微整形的魅力已讓人趨之若鶩，無法可擋。

在這股追求「美麗（利）」的熱潮下，您是否曾經隔絕人云亦云？市面上琳瑯滿目的廣告，靜下心來好好獨立思考，到底哪一項微整形療程才是您在追求時尚表徵與提升自我時所真正需要的？

正如古諺「工欲善其事，必先利其器」所言，為了讓追求「美麗（利）」的民眾對於微整形有一個全面且詳實的認識，筆者以多年親身為民眾診治及施作的微整形實務經驗，佐以日新月異的醫學理論及保健常識，為民眾由淺入深地一一解析時下最熱門、最受歡迎的常見微整形療程的知識與真相，希望能夠提供民眾最完整、最正確的接受微整形療程的觀念與指引，避免民眾花費了一大筆金額，卻無法獲得所期望的效果與目標，得不償失。

本書將從醫學美容的基本認識及知識談起，首先讓民眾對於自己的皮膚具備初步的認識，並克服恐懼與心理障礙，勇敢地「起而行」去尋找合適的微整形診所醫師諮詢，讓擁有專業微整形經驗的醫師成為自己在追求「美麗（利）」這條道路上的好朋友。

其次，詳實介紹目前醫學美容市場上不同的微整形療程及各種醫療儀器的作用原理、適應症與不適應症，以及手術後需注意的事項、如何調適接受各項微整形療程時的心理感知……等，讓民眾藉由文字的精準生動描述，擁有如親臨現場的感受，減少在實際施作療程時的害怕及恐懼。

第三，整合介紹醫學美容市場上看似不同性質的服務行業，如醫學美容、美容沙龍、SPA……等，讓想要接受微整形服務的民眾了解它們對於追求「美麗（利）」的目標是互有幫助的。

最後，本書會提供民眾全面且正確的日常生活保健觀念，讓民眾可以在平時就照顧好自己的皮膚及健康，達成追求「美麗（利）」的目標，擁有光明正向的人生。

筆者衷心期盼這本書的面世，能夠讓所有愛美的民眾從五花八門、琳瑯滿目、天花亂墜、虛妄不實的層層醫學美容廣告與宣傳口號的迷霧中走出來，開創出一條真正適合自己、屬於自己、獨一無二、與眾不同的追求「美麗（利）」的微整形健康大道，因為「追求美麗，永無止盡」，是為序。

臺北韓風整形外科診所主治醫師　廖俊凱

目錄

微整形逆齡之鑰

Part 1
微整形原理及評估

皮膚為何會老化與鬆弛？

　　皮膚是人體最大的器官，身體與外界接觸的第一道防線，也是人體主要的感覺器官。皮膚對於體溫的調節極為重要，能藉由發汗、血管收縮及豎毛肌的作用達到身體的散熱與保溫效果。皮膚內布滿許多末梢神經及各種敏銳的知覺神經，其中包含冷、熱、痛、壓力與觸覺感受體，能探出溫度、觸覺等單一或複合的感覺與外界變化。

　　皮膚的構造主要可分為表皮、真皮及皮下組織。表皮為皮膚最外層，在身體各部位的厚度也不同，手掌及腳掌的表皮因較常受到摩擦及刺激，最為肥厚。真皮為皮膚的內層，介於表皮之下及皮下組織之上，與表皮之間的連結呈波浪狀，真皮內有密集的神經纖維叢、血管與淋巴。皮下組織是一種較鬆弛的結締組織，也是脂肪儲存的地方，厚度也取決於其脂肪量。

　　影響膚色的要素則有：黑色素、胡蘿蔔素及血紅素三種。黑色

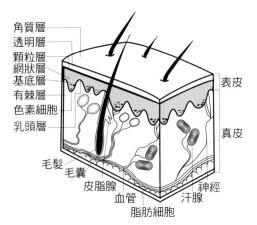

角質層
透明層
顆粒層
網狀層
基底層
有棘層
色素細胞
乳頭層

表皮

真皮

毛髮
毛囊
皮脂腺
血管
脂肪細胞
神經
汗腺

皮膚構造圖

素在皮膚基底層製造，又名麥拉寧色素，不同膚色的人種擁有不同的黑色素數量，黑色素的多寡主要受遺傳、日晒及荷爾蒙影響。胡蘿蔔素多數堆積於皮膚的角質層和皮下組織中的脂肪組織，角質層較厚的地方在人體吸收過多蘿蔔素時，會明顯變黃。皮膚血管中含氧的血紅素，會經由真皮微血管循環透出粉紅色，皮膚白皙的人由於黑色素含量少，表皮較為透明，血紅素顏色也容易顯現。

老化原因

皮膚會隨著年齡增長，而產生一系列生理功能、組織結構和臨床表徵等方面的變化，這些變化是判斷皮膚老化的重要標誌。

人類的皮膚從二十五歲就開始步入老化，這是一種隱匿的、漸進性的變化過程，也是生命法則中必然會發生的自然規律。造成老化的原因有「內因性」與「外因性」兩大項，前者與遺傳、自然老

化有關；後者則與環境息息相關，舉凡污染、日晒、吸菸、熬夜、緊張、壓力、酗酒等生活形態，均無可避免地會在皮膚留下老化的痕跡。皮膚衰老時，在生理功能方面，將會導致皮膚的屏障保護、感覺反應、分泌排泄、滲透吸收及調節體溫等作用相對減弱。

　　事實上，無論是內因性還是外因性皮膚老化，兩者之間既有本質區別，又有必然聯繫。有些關係和機制至今還沒有完全被人類了解清楚，特別是對皮膚老化的生理、生化和組織形態學變化進程，以及這些過程中出現的一系列分子生物學方面的變化仍了解較少，這充分說明皮膚老化在分子和基因層面上變化的複雜性。

　　皮膚老化過程不僅是皮膚和容貌的漸進性蒼老，還代表了皮膚組織儲備功能的逐漸喪失，具體表現就是基礎功能的降低和對環境影響反應能力的減弱，導致皮膚細胞和組織修復損傷的能力降低，以及永久性功能的喪失。

陽光是美容的大敵

　　美國皮膚醫學會曾發表一篇研究報告，內容指出皮膚老化的主要因素，可歸因於皮膚曝晒在紫外線之下。紫外線除了會使皮膚晒黑，還可能導致皮膚老化甚至皮膚癌等病變，可以說「紫外線對皮膚是有百害而無一益」。以前防晒只是擔心晒黑，但現今醫學界更證實，防晒更重要的是為了身體健康；皮膚晒黑、晒紅事小，晒到長斑、長皺紋甚至引發皮膚癌，可就麻煩大了！

　　紫外線依照波長不同，可分為UVA、UVB與UVC。UVA的照射深度可達真皮層，長期照射會讓人加速老化，也會誘發皮膚癌；UVB的傷害雖只達到表皮層，卻是讓皮膚紅腫、脫皮、變黑或晒傷的罪魁禍首。紫外線中還存在著UVC，但是在通過臭氧層時已經被

吸收，極少對皮膚造成傷害。

　　除了美國的研究，英國的研究人員也發現，皮膚的老化跟免疫系統有關，因為老人家的皮膚經常出現腫瘤或黑斑等問題，可能都是不正常的細胞增生所造成的。

鬆弛原因

　　了解皮膚老化的原因之後，我們再來探討皮膚鬆弛的因素。

　　隨著年齡的增加，臉部皮膚會出現不同程度的老化現象，其中皮膚鬆弛是比較常見的情況。皮膚為什麼會鬆弛呢？可歸納為以下原因：

⊙外在因素

　　地心引力、精神緊張，防晒做得不夠完善，受到紫外線的傷害及環境的氧化，使皮膚結構轉化而失去彈性，造成鬆弛。

⊙內在因素

- 皮膚的真皮層中含有膠原蛋白和彈力纖維蛋白，負責支撐皮膚，使其飽滿緊緻。不過，二十五歲以後，這兩種蛋白會因人體衰老進程而自然地減少，細胞與細胞之間的纖維也會隨著時間退化，使皮膚失去彈性。
- 皮膚的支撐力下降。脂肪和肌肉是皮膚最大的支撐力，而人體衰老、過度減肥、營養不均、缺乏鍛鍊等各種原因，都會造成皮下脂肪流失、肌肉鬆弛，使皮膚失去支持而鬆弛下垂。

　　不過，90%以上的皮膚鬆弛都是過度照射陽光紫外線所造成，一是會形成光老化，二是會造成體內形成大量自由基，使皮膚被過

度氧化後失去彈性，而造成皮膚鬆弛。因此，在累積照射至少二十年的紫外線後，自三十五歲開始，皮膚的鬆弛狀況會越來越嚴重，臉部可能顯現出眉毛下垂、雙眼皮變窄、法令紋加深、腮幫子下墜、臉形走樣、下巴曲線變形等狀況。

為了避免皮膚過於鬆弛，一定要時時刻刻留意防曬的工作，同時還可以多吃一些新鮮蔬果及富含膠原蛋白的食物，如葡萄、番茄、胡蘿蔔、紅酒、綠茶等食物。透過飲食大量補充天然維生素C，可保護細胞不受紫外線傷害，並中和游離自由基，更有助於合成膠原蛋白來對抗皮膚的氧化和鬆弛。此外，豬腳等食物富含大量的膠原蛋白，也可增強皮膚結構的支撐力，同時加強皮膚的鎖水保濕，使皮膚保持緊繃有彈性。

Point

預防皮膚鬆弛的法寶

- 攝取新鮮蔬果，如葡萄、番茄、胡蘿蔔、紅酒、綠茶等食物。
- 攝取富含膠原蛋白的食物，如豬腳等，加強皮膚的鎖水保濕。
- 保持良好的表情習慣：皺眉、抬眉、瞇眼、喜怒無常等不良情緒和表情，都會造成局部皮膚的過度運動及肌肉緊張。

就診評估

　　醫學美容泛指透過醫學性的治療、照護，來達到皮膚改善的美容方式，乃是由醫師直接執行，或在醫師指示下執行的美容治療行為。所謂「年紀大，臉皮鬆」，好像是天經地義的現象，不過隨著臺灣國民所得水準整體提高，民眾更加重視個人外型，對於整形美容的需求也越來越高，因此微整形市場成為國內龐大的潛在商機，各種數據皆顯示做微整形療程的人口有逐年增加，且年齡層有下降的趨勢。

　　根據統計顯示，2008～2010年健保特約醫療機構中，皮膚科與整形外科的門診家數，在區域醫院及私人診所的特約家數皆有成長的比率。M型社會的形成，也使得高收入所得的民眾對於醫療水準的需求相對增加。醫療診所為了符合民眾的需求，除了提供有健保給付的醫療項目，額外的醫療需求，如皮膚科醫學美容、整形外科等，也不時推出可讓愛美的民眾更健康、美麗的療程項目，以更多元的服務，獲取更多的業績。

美容科技快速發展至今，被稱為「微整形」的各種療程，因為具備幾乎不需要麻醉及開刀、恢復期短等優點，讓愛美的女性在追求美麗的過程中，比起從前更便利且有效許多。

　　想要追求「成熟而不老」，除了需要有正確的皮膚保養觀念之外，還要杜絕環境污染，並擁有健康的身體、充足的睡眠、均衡的營養、愉快的心情，以及適當的運動，這些都是保持身心年輕的不二法門。

　　抗老回春是每個女人的必修課，在修這門「微整形療程」課之前，該做哪些評估呢？

　　進行微整形療程並不是一件簡單的事情，效果可能是終身的問題，也有可能會面臨風險，所以一定要審慎評估。在資訊流通快速、媒體發達的現代社會中，多數消費者對微整形已有基本的認知。根據調查，消費者對微整形手術的資訊來源，依序為「親友推薦」、「網際網路」及「報章雜誌」等。

　　至於選擇微整形項目的評估因素，則依次為「醫療品質」、「醫療風險」，以及「增進個人自信心」等。

⊙醫療品質

　　整形醫師就像是魔術師，擁有多項神奇魔法，如玻尿酸、微晶瓷（晶亮瓷）、肉毒桿菌素，都是能讓人重返青春的法寶。不過，每一種法寶各有各的優點及局限性，民眾在接受前，務必與醫師做好溝通，經過審慎評估後，再決定自己的切身需求為何。

　　例如，肉毒桿菌素最常用於修飾國字臉，不過，如果想用肉毒桿菌素來縮小國字臉，最好先確定造成寬臉的原因是否為咀嚼肌過

微整形人口成長數據

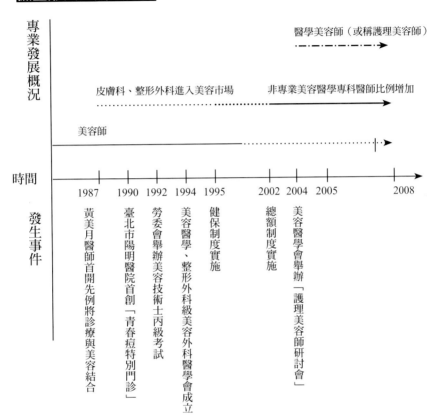

資料來源：張惠雯，2008，《泛專業化？美容醫學醫師的新起興再專業化》，頁34。

於發達。一般來說，用力咬合時，用手摸腮幫子，如果咀嚼肌往外凸，就屬於咀嚼肌太發達，才會造成國字臉，這時透過注射肉毒桿菌素，就能達到瘦臉的效果。反之，要是摸起來是凹陷的，就純粹是骨頭問題，必須經由削骨或矯正才能讓臉變小。

由此可知，醫療品質是與消費者個人狀況及需求息息相關的。

⊙醫療風險

隨著風華老去，臉部皮膚鬆弛，線條不再立體有型，各種微整形是讓愛美人士重拾自信的利器。不過，醫師提醒，民眾務必先接受醫師評估，並選擇經驗豐富的醫師，才能達到較好的效果。例如，不少人以微晶瓷（晶亮瓷）來隆鼻，要是醫師技術不好，拿捏不準，將過多劑量打入鼻頭，就會讓鼻頭紅腫疼痛，甚至造成血液循環不良，讓鼻頭變黑，甚至造成皮膚缺氧而壞死，外形反而比沒有進行療程之前更奇怪，身心也將同時受創。

此外，任何一個簡單的整形手術或療程都需要復原時間，例如雙眼皮手術結束之後，也需要一週左右的復原期。如果你想要整形，就必須確定有足夠的長假，以免因為手術或療程結束之後無法正常上班、做事，而耽誤了正常生活。

⊙增進個人自信心

接受微整形療程的目的，應該是找回對身體的主導權，透過讓外表更加美麗而產生自信，而絕非將整形當作一種手段，例如希望透過手術挽回即將破裂的感情或關係，或是滿足老公或男朋友的期待。改變外表，不該是為了取悅他人而產生的行動。

每個人都渴望能夠青春永駐、保持年輕的面貌，民眾在進行手術之前，應先擁有正確的資訊、觀念和認知，評估自身特色，而非期待一次見效或僅以明星五官為指標。

雖然時光倒流是不可能的，但經由正確的保養和醫學美容的治療，還是可以讓皮膚看起來比實際年齡年輕十歲以上喔！

微整形的醫學原理

(1) 換膚美容

「換膚」顧名思義，是透過藥物導致表皮非常態性的脫落，從而使具有再生功能的皮膚重新長出一層新的皮膚。在談及皮膚治療方式時，所指的大部分為生化換膚，如葉酸換膚、果酸換膚、三氯醋酸（TCA）換膚等。換膚效果也分為淺層、中層及深層，有使皮膚年輕、除疤、除斑及改善青春痘等效果。

所謂的化學換膚術，是利用一種或多種化學藥試劑，將之抹在皮膚上，造成表皮或真皮層溶解剝離，促使皮表細胞加速代謝，幫助皮膚祛除堆積在外層的老化角質，並刺激新細胞的生長，以達皮膚新生的效果。

果酸換膚是化學換膚術治療的一種，它利用果酸的特性，依照濃度高低的不同來達到改善膚質的效果。因只會造成表皮層的破

壞，故屬於「表淺化學換膚術」。現在醫院所使用的化學換膚以甘醇酸（Glycolic acid）為主。甘醇酸為果酸的一種，因為安全無毒性，過程安全快速，副作用低且術後護理簡單，所以是目前使用最多的淺層換膚試劑。

　　在果酸換膚術的術後照顧上，需按時擦醫師開立的藥膏或營養霜約一至三天，並做好防晒工作即可。術後可以正常上班上課，約一至兩週後即可恢復日常皮膚保養及化妝。果酸換膚術通常需要多次療程才能達到最佳療效，尤其是對於黑斑、角化、疤痕、皺紋則更需要多次的治療。每次進行換膚術約需間隔三至四週，果酸在皮膚停留的時間或濃度也可能隨之增加。

　　果酸換膚術的副作用極少，不但疤痕、感染、紅斑等問題不常見，東方人常見的發炎症及色素沉著，也比其他化學換膚術或磨皮手術少見，術後照顧也比較方便，因此是一項值得推廣的治療課程。但是水能載舟，亦能覆舟。果酸換膚術使用得宜能夠化腐朽為神奇，若使用不當，也會使得皮膚紅腫、灼傷，甚至變黑。

(2) 雷射美容

　　雷射光是一種聚集高能量的光束，能在極短的時間內放出高能量，產生熱作用，破壞皮膚的特定部位，又不會傷害到周圍的組織。因此可以選擇性地破壞想重生的部位，並保護其他正常皮膚的結構完好。雷射不是輻射或放射線，不會使細胞產生突變或致癌。

　　雷射依波長和輸出功率不同，可分為許多種類，但大致上來說原理都是一樣的，都是藉由雷射破壞局部皮膚，把色斑或老舊的組織除去，同時可破壞到真皮組織，以刺激皮膚重新生長及膠原蛋白

的再生，使皮膚看起來年輕水嫩。

　　不同的波長，對於不同顏色的斑，或是對皮膚的影響，效果都不同。基本上，雷射光波越長，穿透力越強，就越可以用來打深層的斑點。依雷射種類的不同，術後可能會有表層傷口並會結成痂；或是沒有外傷，表面看起來是一片潮紅的皮下出血傷口。進行雷射治療時會有刺痛感，治療前可塗抹局部麻醉藥膏來減少疼痛，消費者也需清楚理解：雷射是漸進式治療，需要多次治療才有良好效果。

　　隨著年齡增長，細胞所分泌的生長因子會逐漸減少，細胞更新速度也隨之減緩，唯有受到生長因子的刺激，細胞才會重新進入生長週期，啟動組織新生及修復的作用。從皮膚的角度來看，透過雷射刺激生長因子，可讓皮膚在沒有受損的情況下，啟動細胞的再生機制，進一步合成真皮層基質，並製造膠原蛋白與彈性纖維，使皮膚回復年輕。

(3)針劑注射

　　現在可注射入皮膚的填充物很多，有膠原蛋白、玻尿酸、微晶瓷（晶亮瓷）、3D聚左旋乳酸等等，每種產品都有其特性，如分子大小、持續性的、延展性、可塑性等都不相同，會與施打的部位息息相關。例如，分子的大小與施打的皮層深度有關，也跟想要改善的部位有關。正確做法應該是先確認想改善的部位，與醫師進行討論，醫師再以專業建議施打何種填充物，而非自行判斷決定。

⊙膠原蛋白

　　膠原蛋白又叫「膠原質」，是組成各種細胞外間質的聚合物，

在動物的細胞中扮演結合組織的角色，也是動物結締組織中最主要的一種結構性蛋白。在人體組成中，有16%是蛋白質，而蛋白質中有30～40%的膠原蛋白，主要存在的部位有皮膚、肌肉、骨骼、牙齒、內臟與眼睛等。當結締組織與肌肉或器官一起負責新陳代謝的機能時，它會將營養和氧氣搬入細胞中，再從細胞中搬出代謝物與廢氣，加速體內新陳代謝，因此膠原蛋白適用人體細胞組織的修補與再生。

膠原蛋白是維持皮膚與肌肉彈性的主要成分，但隨著年齡增長，真皮層中膠原蛋白與彈力纖維交互構成的規則網狀結構會逐漸崩解，最後導致皺紋的生成，所以補充膠原蛋白能使皮膚保持年輕的道理即在此。

如果想要袪除臉上的細紋，保持嬰兒般細嫩的皮膚，一定要補充膠原蛋白，同時有效做好預防皮膚鬆弛的工作，補充對新生皮膚有利的各種物質。對抗皮膚鬆弛的方法有好幾種，其根本原因就是膠原蛋白的不足，所以主要對策是及時補充膠原蛋白，其他方法都只是對皮膚鬆弛狀況的暫時改善。

⊙肉毒桿菌素

肉毒桿菌素是由肉毒桿菌（Clostridium botulinum）所分泌的一種蛋白質，具有神經毒性，會阻斷神經末梢釋放的神經傳導物質——乙醯膽鹼（Acetylcholine），使臉部過度收縮的肌肉放鬆，進而使動態性皺紋消失。施打後，臉部肌肉可保持平滑，改善因動作所產生皺紋，也就是所謂的動態紋，如皺眉紋（眉間紋）、抬頭紋、魚尾紋（貓爪紋）等，而未受治療的肌肉仍可正常收縮，因此不會影響正常的臉部表情。

臉部肌肉群可分為上提和下拉兩大肌群，若利用肉毒桿菌阻斷下拉肌肉群的收縮，可減少因老化而增加的下拉力量，達到全臉拉提的效果。因此，將肉毒桿菌素打在下顎線、頸部的皮下，可放鬆闊頸肌，減少其下拉力量，達到往上拉提的效果，稱之為「Nefertiti肉毒桿菌素拉皮術」。

　　針對一些因經常使用而過度肥大的肌肉施打後，肌肉會因為無法產生動作而逐漸萎縮。這是藉由「用進廢退」的原理來改善肌肉肥大的外觀，例如咀嚼肌（也稱咬肌）肥大引起的國字臉、小腿腓腸肌肥大引起的蘿蔔腿，皆可經由注射肉毒桿菌素來改善。

　　國字臉看起來陽剛味較重，女性若天生有國字臉，便會想要改進下顎，期望有更柔和的下顎線條，或者有些人有單邊咀嚼的習慣，造成一邊的咬肌特別發達，這兩種類型都可以優先考慮施打肉毒桿菌素，使咀嚼肌的線條更對稱、更柔和。有些醫師在施打肉毒桿菌素時，千篇一律打在皮下，當然對改善國字臉就沒有效果。要有效的造成咀嚼肌縮小，要對咀嚼肌進行肉毒桿菌素的肌肉注射才行。

　　絕大多數的案例在第一次施打後一個月，就可以看到效果，正面和側面的下顎曲線都有很明顯的改善。以肉毒桿菌素改善國字臉，是成功率和滿意度都相當高的治療項目。

　　肉毒桿菌素注射除了用來縮小大塊肌肉外，也可以改善小肌肉的肥厚問題。鼻孔大的人經過治療後，可以明顯改善這個問題。也有案例在經過肉毒桿菌治療以後，鼻孔從圓形變成橢圓形，鼻頭也變得更為堅挺，整體看起來更美麗了。

肉毒桿菌素是改善做表情時才出現的動態紋，如果面無表情時候還出現凹陷的紋路，就屬於靜態紋，需要注射玻尿酸、微晶瓷（晶亮瓷）或膠原蛋白來填補凹陷了。

⊙玻尿酸注射

玻尿酸（Hyaluronic acids）又稱為「透明質酸」或「醣醛酸」，為天然的多醣類，人體皮膚中本來就含有玻尿酸，以膠狀形態大量存在於結締組織及真皮層中，具有親水性，其三度空間構造可抓住數倍重量的水分子，進而保持體積的持久性。適當補充玻尿酸，具有強力的吸水性，能夠幫助皮膚從體內及皮膚表層吸得大量的水分，達到增加水分、體積和彈性的目的，對組織具有保溼潤滑的作用，還能增強皮膚長時間的保水能力。

外來的玻尿酸是利用非動物源之微生物發酵生產技術，將跟人體玻尿酸最吻合的高純度、高安全性之透明膠狀結晶物注射進入人體的皮膚中。

玻尿酸注射劑由交聯型（cross-linked HA）與非交聯型（uncross-linked HA）兩類玻尿酸組成。非交聯型玻尿酸可增加注射柔順度，但在數天內會被組織分解；交聯型玻尿酸則利用特殊鍵結將玻尿酸分子連結在一起，分解較緩慢，視分子大小的差異，可維持數個月至一、兩年的時間。

玻尿酸有分大分子、中分子、小分子，可供選擇注射深淺不一的各種部位。施打部位不同，需求的容量也不同，所以並非每個人都使用一樣的數量，而是要看消費者的需求程度而定。

除了適合靜態性皺眉紋、抬頭紋和魚尾紋的填補外，因玻尿酸

的交聯結構可加強支撐力，不管是運用在隆鼻、豐下巴、豐唇、淚溝填補、眼袋、太陽穴、豐頰、蘋果肌、法令紋、木偶紋等，都可以讓臉部線條變立體、變光滑。

玻尿酸觸感柔軟，非永久型，時效為半年到一年，不同劑型的持久性也不同。因人體本身就有玻尿酸酶可分解玻尿酸，不必擔心會有殘留的問題。

玻尿酸注射後的常見反應，包括發紅、腫脹、疼痛、搔癢、瘀青及注射部位有柔軟鬆弛的觸感。通常會出現輕微至中等症狀，但注射後幾天就會自動緩解。

⊙微晶瓷（晶亮瓷）

微晶瓷（晶亮瓷）最重要的成分為氫氧磷灰石鈣（calcium hydroxyapatite, CaHA），早期被用於骨科及牙科作為骨泥、齒槽固定支撐的材料，占容積的30%；其他70%的體積則由膠狀載體組成，主要為滅菌注射用水（52%）、甘油（15%），以及羥甲基纖維素鈉（3%）。外觀呈白色黏稠半固體狀，像是細微的珍珠顆粒，外層有黏稠的凝狀物質包覆著，由美國Bioform Medical公司所生產。因類似人體組織中的無機成分，不會造成過敏、安全性高，可被人體完全吸收，具溫和非侵入性的特色，獲得美國食品藥物管理局（FDA）核准用於鼻形雕塑、疤痕修補、豐頰等整形，屬於注射式植入劑手術。

微晶瓷（晶亮瓷）所含的鈣和磷，具有非抗原性、不具刺激性，更特別的是具有特殊長效機制與新生膠原蛋白的優勢，且分子較大，有一定的硬度，所以適合需高支撐力的部位，如法令紋、蘋果肌、太陽穴凹陷、凹陷性痘疤，也適合用於鼻子的山根、鼻頭、

下巴等部位的輪廓雕塑。微晶瓷（晶亮瓷）的彈性好、支撐力好、塑形力高，與其他注射性產品相較，有更顯著的患者滿意度。微晶瓷（晶亮瓷）的時效為一至兩年，非永久型，是一項具有生物相容性與可完全分解的塑形劑。

⊙美白針

美白針即是美白注射療程，因有顯著的功效而受到演藝界女星的喜愛和推崇，超人氣美容王大S對美白針的推廣，更打動了許多愛美的女性朋友，使美白針成為一種美容時尚產品，被廣泛使用。

美白針是將具有美白成分的物質，用點滴注射方式慢慢輸入體內，藉由血液循環運輸作用，加速細胞新陳代謝並補充抗氧化劑，達到迅速且均勻地遍及全身的美白效果。由於這些物質可被人體正常代謝，並不會對肝腎造成負擔。

美白針所導入的大多是抗氧化成分，主要有維生素C、綜合維生素、礦物質、胺基酸及抗氧化劑等，醫師可因每個人的不同狀況調配適合的成分。美白針添加的成分看似一大堆，其實最主要就是維生素C及B群，用注射的方式讓身體直接吸收，因為靜脈注射藥物的使用率幾乎是百分之百，所以的確比用口服或外擦還要有效率。

美白針對祛除皺紋、增加皮膚彈性、收縮毛孔及淡化色素等，皆有功效。因夏、秋兩季的紫外線照射會使皮膚產生大量的黑色素，從而形成色素沉著或是黑斑。所以專家建議，美白要從夏季開始實行，而美白針可以真正從內到外抑制黑色素的形成，進而減少色素沉著和色斑的形成，美白效果顯著。

除此之外，還可以促進血液循環、排除體內毒素、幫助抗氧化、阻斷黑色素，修正因過度暴露於紫外線、生活作息不規律、熬夜及長期腦力勞動造成的皮膚灰暗、蒼老、變黑等老化現象。近幾年來，許多名人對美白針趨之若鶩，是因為它除了美白之外，對於抗衰老、解毒、安定神經、舒緩焦慮都有不錯的功效，還有增強身體免疫力、抗病毒、防感冒等作用。

1化學換膚

人類使用天然物質來保養皮膚已有幾世紀的歷史，即使醫學美容日新月異，光電科技漸漸成為美膚保養的主流，化學換膚在皮膚美容上所扮演的角色，依舊是無法被完全取代的，反而更加日新月異。

早期的化學換膚術大都採用三氯醋酸以及酚（phenol）來進行，雖然作用較深層，但對皮膚的傷害也大，常引起嚴重的色素沉澱，術後的恢復期也需要很久，目前已很少人使用。現在醫院使用的化學換膚以甘醇酸為主，甘醇酸為果酸的一種，安全無毒性，副作用低，且術後護理簡單，過程安全快速，是目前全世界使用最多的淺層換膚試劑。

淺層換膚中，又有所謂的「非常淺層換膚」，其作用深度僅局限於表皮層內，因此相對來講較為安全，復原時間較短，副作用也較少。一般所謂的「果酸換膚」即屬於此類，也是目前使用最為廣泛的化學換膚術之一。

微整形逆齡之鑰

決定化學換膚效果的因素（應由專業人員來評估）

· 換膚劑的種類、濃度、pH 值。
· 塗抹換膚劑的方式、時間長度。
· 皮膚的狀態。
· 解剖學上的部位。

認識果酸

　　果酸能幫助皮膚祛除堆積在外層的老化角質，加速皮膚更新；並能促使真皮層內彈性纖維蛋白、膠原蛋白與玻尿酸的增生，幫助改善青春痘、黑斑、皺紋、乾燥、粗糙等問題皮膚。果酸換膚的作用包括：改善青春痘、粉刺，改善表淺性面皰疤痕，細緻皮膚表層，調理油脂分泌，淡化臉部細紋、黑斑、老人斑，改善角化症、厚皮、毛細孔角化現象，以及改善受陽光傷害、粗糙的皮膚。

　　之所以稱為果酸，主要是因為此類酸多數是從水果中萃取純化出來的。例如：甘醇酸是從甘蔗，乳酸是從酸牛奶或番茄汁，酒石酸是從葡萄，蘋果酸是從蘋果，檸檬酸則是從檸檬、柳橙或鳳梨而來的。各種果酸的分子結構皆不同，共有三十多種。

　　在醫學美容界中，最常被運用到的成分為甘醇酸，而杏仁酸也在最近掀起風潮。不同的果酸有各自較強的適應症，因此除了單一果酸換膚外，針對不同膚質需求，適當加入其他成分的「複合式果酸換膚」之效果較為優異。

⊙常見果酸及其功效

果酸種類	學名	來源	功能特點
甘醇酸	Glycolic acid	甘蔗	去角質、促進皮膚再生。
乳酸	Latic acid	酸奶、楓糖	滋潤保濕、修復舒緩、去角質。
蘋果酸	Malic acid	蘋果	去角質、保濕、抗自由基、美白。
酒石酸	Tartaric acid	葡萄酒、覆盆子	去角質、保濕、抗自由基。
檸檬酸	Citric acid	檸檬、柑橘	較溫和的去角質及細胞更新效果。
杏仁酸	Mandelic acid	杏仁子	較溫和的去角質及細胞更新效果、美白。

果酸換膚療程

　　目前並沒有嚴格規範化學換膚執行者的能力，甚至常聽到有消費者自行購買高濃度果酸來換膚，這是相當危險的一件事。化學換膚在國外是很專門的皮膚科治療學問，但到了國內卻變成殺價標的，格局越做越低。消費者在選擇的時候，尤其需要留心品質與安全，以免帶來風險。

　　一般保養品中所含的果酸是在低濃度範圍內，功能在於保濕與去角質，可以由消費者自行使用；高濃度的果酸以改善青春痘、淺細疤痕與黑斑為主，由專業人員或醫師指導來使用。

　　果酸雖然是美容聖品，但也可能產生副作用，特別是敏感性皮膚或是剛開始使用的人，會發生不等程度的皮膚刺痛、發紅、癢、脫皮等不適症狀，但一段時間後，會因為耐受性增加而逐漸適應。

使用果酸時，可以由較低濃度開始，讓皮膚漸漸地適應果酸，增加對果酸的耐受性，隔一段時間再嘗試濃度較高一點的果酸。

果酸換膚行之有年，如何降低刺激性及提高治療效果一直是大家所努力的方向。杏仁酸的pH值為3.41，是唯一帶有苯環形式的親脂性果酸，滲透角質層能力強，又因其分子較大，穿透速度沒那麼快，效果溫和不刺激，能有效抑制酪氨酸脢，阻斷黑色素生成，比其他果酸換膚成分都更為有效。任何膚質（乾性、油性、混合性）都可施行，溫和不刺激，不易產生一般果酸換膚的副作用，如紅腫、灼傷及結痂等。

實行光療後一週可使用杏仁酸換膚，來加乘保養效果並降低紅腫，是少數可搭配光療的果酸療程。此外，美國猶他州鹽湖城的Gateway美容與雷射中心，在經過三年1,100人次接受臨床治療後，明顯發現杏仁酸對於抑制色素沉澱、改善發炎性青春痘及因陽光照射的老化皮膚，都有良好的效果。

⊙果酸換膚比較表

療程類別	杏仁酸換膚	新一代較溫和果酸	複合式果酸	傳統果酸（甘醇酸）
作用時間	快速	緩慢	緩慢	快速
刺激性	溫和不刺激	微刺	微刺	刺激性高
痘痘、粉刺	極佳	佳	極佳	佳
緊實除皺	佳	佳	佳	佳
淡化表皮層色素斑	極佳	佳	極佳	佳
淡化真皮層色素斑	極佳	佳	佳	不佳
預防及改善雷射術後反黑	極佳	無法	不佳	無法

適應症

- 改善青春痘，包括發炎性丘疹及粉刺。
- 改善臉部細紋，使皮膚表層細緻。
- 美白全臉，改善暗沉，淡化斑點。
- 改善疤痕、毛細孔粗大、黑斑及發炎後色素沉著。
- 改善皮膚的角化，包括頸部、胸部、手臂的細微皺紋等，抑制角化症的復發。
- 改善受陽光傷害的粗糙皮膚。
- 調理皮膚油脂分泌。

不適應症

- 無法做好充分防晒者：化學換膚會使皮膚表層剝離，若曝露於日光下容易出現色素沉著的狀況。
- 感染單純疱疹等病毒者：化學換膚可能誘其發病，治癒時間也會拉長。
- 不適合化學換膚的皮膚狀況：外傷、手術、放射線治療後，溼疹、感染症等，必須等皮膚的狀態恢復正常後再進行。
- 免疫不全的情形：增加感染機會。
- 蟹足腫的體質：可能產生肥厚性疤痕組織。
- 對於化學換膚的解說有理解上困難者：術後照顧可能會發生問題。
- 對於治療結果過度期待者：誤以為可以使毛細孔、皺紋、痘疤完全消失的過度期待。

換膚前注意事項

果酸換膚前一週必須停止下列行為：做臉或臉部美容、使用磨砂膏、塗抹A酸產品或口服A酸、過度曝晒陽光、燙染髮。

換膚基本步驟

(1) 清潔：請勿化妝、刮臉及使用香水，並徹底清潔臉部。

(2) 塗果酸：依個人狀況使用不同濃度及果酸。

(3) 中和：依個別皮膚反應，通常在十分鐘左右，會以中和液中止酸液作用。

(4) 冰敷：鎮靜舒緩皮膚。

(5) 術後護理：注意皮膚是否有紅癢的現象，塗抹修護霜及防晒品。

換膚後注意事項

- 術後首要的保養工作就是防晒，要隨時擦上具有防晒係數的隔離霜，並盡量減少外出。若需外出，請帶上遮陽帽或撐陽傘。

- 換膚後有粉刺增加或冒出之情況，是因老化廢角質的除去，加上毛孔收縮及皮膚繃緊的緣故，使得粉刺浮現，此為正常現象。可利用此時多加清除粉刺，待數次更新療程後，自然會還原細緻淨白的皮膚。

- 使用後臉部會有緊繃感，過了三天後會出現局部稍微脫皮的狀況，此為正常的換膚過程。因為皮膚受到果酸的更新作用，正需大量快速修復，因此保濕為另一項必要保養工作，居家照顧可以使用玻尿酸、多胜肽、修護霜等作為最佳的保溼產品，亦可搭配保濕導入課程效果更佳。

- 施行換膚後，請病患停用具脫皮或去角質效果的保養品或藥物，如A酸、水楊酸、果酸或磨砂膏等。

- 三日內避免任何增加皮膚受到刺激或感染機會的活動，例如到海水浴場、溫泉、三溫暖或游泳池。

2 光療美容

一・脈衝光

　　隨著科技的不斷發展，美容技術也越來越發達，脈衝光是利用波長500～1,200奈米（nm）的強光照射在欲治療的區域，不同波長的光線被特定組織吸收並轉換成熱能後，能在不損傷正常皮膚的前提下祛除各種皮膚問題，對該區域產生改善的效果。

　　較短波長的光線，可被黑色素與血紅素吸收，改善色素斑、多餘毛髮與血管方面問題。而較長波的光線可滲透到真皮層，活化纖維母細胞，並引發膠原蛋白及彈力纖維再生，能改善毛孔粗大、皮膚鬆弛等狀況。

　　因此，脈衝光主要用於淡化斑點、祛除毛髮、平整細紋、緊緻毛孔、疤痕修護、祛除微血管擴張等問題，同時刺激膠原組織增生，恢復皮膚彈性，使得皮膚質地得到整體提升，重新煥發出健康

的青春風采。它提供安全、非介入的方法，能適應不同的皮膚狀態，且為無傷口性的治療方法，治療後可以立即上班及上妝，享受正常的社交生活。

適應症

- 淡化淺層斑點，如雀斑、晒斑、老人斑、色素沉澱。
- 淡化淺層細紋。
- 改善皮膚老化下垂、毛孔粗大等。
- 改善膚色暗沉、膚色不均勻、微血管擴張、臉部潮紅、酒糟鼻、臉部皮膚出油、青春痘發紅、青春痘發炎後色素沉澱、黑眼圈，減少粉刺及青春痘生長。

不適應症

- 懷孕。
- 過敏發炎中的皮膚。
- 有進行性細菌或病毒感染的皮膚。
- 癌症的部位或進行過癌症放射線治療的部位。
- 使用對光敏感藥物或近期使用過A酸者，不能馬上治療。
- 光敏感皮膚或最近大量曝晒日光者。
- 紅斑性狼瘡或其他免疫系統異常者。

有以上情況者，不適合做治療。應由醫師評估過後，再決定可否施打脈衝光。

施術流程

臉部卸洗→拍照→上導光凝膠（有些機型不需要）→開始脈衝光儀器治療→術後課程護理→提醒注意事項→上保養品。

體驗感受

當冰涼的導光凝膠塗在臉上，夏天時會冰冰涼涼的很舒服，但在冰冷的冬天時就感覺很冷。導光凝膠最主要的功能，是讓脈衝光的光穿透效果更好。

在施打的過程中，會如閃光燈般的亮一下、閃一下，因亮度會刺眼，所以會用濕紗布蓋住眼睛及用眼罩蓋住，以減少眼睛的不適。擊出的光會有溫熱的感覺，如同靠近日光燈泡的熱度，溫度溫和，但由於個人感受不同，所以在治療前會先告知有如此的現象，以讓受治療者有心理準備。

現在有新的脈衝光機種，不用上導光凝膠，其治療探頭有冷卻的功能，會先冷卻皮膚，再擊發脈衝光，以緩和皮膚的不適。

副作用

脈衝光能量打太高時，會有表皮灼傷起水泡的情形，使得痊癒後會產生反黑的副作用，所以選擇有經驗的醫師操作是很重要的。

術前注意事項

- 治療前一週內，必須暫停使用A酸、果酸、磨砂膏去角質等類的護膚產品。
- 請勿過度日晒或進行日光浴。

術後注意事項

- 如果要與肉毒桿菌素或玻尿酸注射同時進行，應先做脈衝光治療，再行注射。
- 暫時會輕微有疼痛感、紅熱現象，可以冰敷，約數小時內會消退。

- 皮膚表面的小斑點會變成咖啡色的痂，洗臉時請輕洗，勿用力摩擦，好讓痂能自然掉落。痂會於三至七天內脫落，膚色會變得較白。
- 若是為了治療色素斑，因色素斑與光束產生治療作用，會造成暫時性色素斑加深和結痂脫皮的變化，為正常現象，請不用擔心。這種情形約在一至兩週後會消除，這段期間需做好防晒，最好避免安排重要活動。
- 著重保濕，去角質及果酸產品至少需隔兩週以上再使用。
- 避免受到紫外線照射，外出前三十分鐘應擦拭 SPF30以上的防晒品，並以傘、帽來隔離陽光來加強防晒。
- 避免使皮膚過熱，如泡溫泉、洗三溫暖等。

二・光纖雷射

　　波長810奈米，可以崩解黑色素群，使吞噬細胞易於清除，進而移除之，所以能達到美白、色素淡化的效果。毛囊中的黑色素在吸收此波長的雷射光後，會將毛根加熱燒除，並破壞毛囊的再生能力，因此也常用來除毛。運用含氧血紅素吸收光能轉為熱能的機轉，可使病變血管壁受熱收縮，進而祛除明顯血管擴張。除此之外，還可以活化纖維母細胞、刺激新生膠原蛋白，達到使皮膚細紋淡化的效果。

　　不過以德國蔡司光纖二極體雷射（MeDioStar XT）為例，除血管和除淺層斑點要用6公釐的探頭，而且是要採離焦打法，並非像一般12公釐的探頭採緊貼式打法，因此一定要找有經驗且了解儀器操作的醫師才行。

適應症

除毛、除細小血管、淡化斑點、減少細紋、緊實皮膚，改善膚色不均、暗沉、色素沉澱，緊緻毛孔、控油、抑制青春痘……等。

不適應症

- 最近剛晒黑者。
- 罹患癌症或正在治療癌症者，有使用放射線治療皮膚者。
- 懷孕。
- 光敏感者。
- 膚色太深者，可能會有灼傷的可能。
- 皮膚有進行性的病毒感染，如疱疹病素等。
- 皮膚有發炎狀況者。

施術流程

臉部卸洗→拍照→上導光凝膠→開始光纖雷射儀器治療→術後課程護理→提醒注意事項→上保養品。

體驗感受

治療前，會在臉上塗一層冰冰涼涼的透明凝膠，厚度約0.1～0.2公分，以方便光纖探頭在臉上滑動，同時避免因光纖雷射的溫度造成皮膚灼傷。在施打的過程中，臉部會有先冰後熱的感覺；在滑動的過程，客人會因臉部的色素而感覺到刺熱。術後會把臉上的透明凝膠卸掉，洗完臉後再做臉部的護理。

副作用

基本上算是安全及舒適度極高的雷射，只要操作得當，不會有什麼副作用，只有除淺層斑點會結痂，除毛後可能會有暫時紅疹的現象。不過若操作能量太高或是操作者不熟悉探頭，還是有灼傷

的風險。

術前注意事項

- 病灶處建議治療四至五次，可感受到較佳的改善效果。每次治療間隔時間約三週。
- 治療前需保持皮膚清潔。
- 治療部位在術後會有些微轉紅，微血管擴張的區域看起來為紅點狀，而色素斑周圍會有泛紅，此為正常現象，不必過度驚慌。
- 光療前有過度日晒者，較不建議治療，因容易產生類似燒傷的副作用，建議待皮膚修復一段時間後再進行治療。

術後注意事項

- 盡量避免過度日晒，請確實做好防晒工作，使用防晒係數SPF30以上的防晒品。
- 少部分人會覺得皮膚較乾躁，請加強保溼即可改善。在術後持續使用一週的保濕滋潤面膜，或是保濕度佳的乳液，效果更佳。
- 一週內盡量避免使用酒精刺激性保養品，如美白、果酸產品；並避免使用過熱的水洗臉、洗三溫暖、進烤箱或是泡溫泉。
- 如持續有紅腫現象，請持續冰敷，以幫助消腫退紅。
- 如有結痂處不可用手去摳，待其七至十日自然脫落為佳。

三‧光波拉皮

　　光波拉皮跟電波拉皮都是非常熱門的非侵入性拉皮方式。兩者相同的地方都在於方便、迅速、安全；最主要的不同在於光波拉皮是使用紅外線，而電波拉皮是使用電磁波。過去傳統的光波拉皮只有緊緻、拉提的效果，新一代的3D立體光波拉皮（Sciton ST），除

了保留傳統拉皮的優點，還加入塑形功能。

3D立體光波拉皮是採用800～1,400奈米波段的近紅外光源，穿透深度可達皮下3～5公釐的中下真皮層處，利用其被水分高度吸收的特性，可刺激真皮層膠原蛋白的收縮、增生與重組，故能有效緊實拉提皮膚，改善皮膚老化鬆弛的問題。

每次治療時，會以幾秒鐘的時間溫和加熱真皮層，搭配方形波設計，讓能量均分為許多小單位分次送入真皮層，再加上最先進的藍寶石皮膚冷卻系統，能在治療過程達到無痛的要求，病患只會有溫熱的感覺，是治療舒適度極高的科技。

治療過程完全無需使用麻醉藥物，比電波拉皮來的舒適。過程中，將全程配戴護目鏡，並在治療部位敷上導光凝膠。治療時，病患只會感覺皮膚溫熱，如同溫水接觸皮膚般舒適。全臉治療約需二十分鐘，建議進行三至五次治療，每次間隔三至四週。治療後應加強保濕與防晒。由於膠原蛋白的新生過程需要一個月的時間啟動，因此在完成療程後，可看見皮膚緊緻拉提的效果日漸明顯，並在三至六個月時達到巔峰。

光波拉皮治療的深度較淺（3～5公釐），只到達中下真皮層。而電波拉皮的治療深度較深（5～8公釐），可到達皮下脂肪筋膜，除了可在真皮層刺激膠原蛋白的收縮和增生外，還可使脂肪層筋膜收縮。

在療程方面，電波拉皮只需要一次，而光波拉皮大概需要三至四次才能達到類似電波拉皮的效果。在治療時間上，電波拉皮大約需要四十至六十分鐘的時間，而光波拉皮只需要二十至六十分鐘左

右。疼痛度的話，光波拉皮較舒適，只有溫熱感；而最新一代的電波拉皮雖不需要局部麻醉劑，但仍有刺熱感。手術費用則是兩者相差不多。不過，光波拉皮就不會有裝置心臟節律器患者不適合的情況。因此，該如何選擇，就看消費者自身的考量了。

3 雷射美容

雷射是目前最熱門的美容手術之一，其種類繁多，治療的範圍很廣，雷射的名稱是依激發介質來命名，並可依功能簡單區分成三大類，包括：換膚雷射、色素雷射、血管雷射等，以下介紹幾種常見的療法。

一‧換膚雷射

談到換膚雷射，必須要了解兩個觀念。

一是雷射可分為汽化性（剝離性）雷射及非汽化性（非剝離性）雷射。所謂的汽化性雷射，其標的物主要是水，因皮膚構造內含有大量水分，所以會產生非選擇性破壞，造成皮膚組織被汽化剝離，包括二氧化碳雷射、鉺雅鉻雷射皆屬此類。非汽化性雷射則不會造成表皮組織被汽化而形成開放性傷口，如鉺玻璃雷射、色素雷射、血管雷射，都是非汽化性雷射。

微整形逆齡之鑰

二是何謂「分段光熱分解」（Fractional Photothermolysis）？所謂的分段光熱分解是將傳統換膚的整片焦土式雷射治療方法，改成分次蠶食的方式進行，一來可以減少破壞程度，降低副作用的發生率，二來鄰近的完好組織可給予修復的成分也較多。此技術用在換膚雷射上稱為「分段換膚」（Fractional），以微小點狀的雷射光束（以微米為單位），破壞「部分」的皮膚組織（將治療面積縮到極小點，點和點之間保留正常組織），皮膚受到傷害後，會分泌物質刺激周圍的健康皮膚來修護受傷部位，並促進治療區域新生膠原蛋白，以達到換膚目的。術後傷口極小，外觀變化不明顯，且因為保留許多正常組織，所以術後傷口的復原較以往更快速。不僅修復期較以前全面式破壞的換膚雷射短，副作用（如嚴重泛紅、反黑）也大大的降低。

坊間所謂的「飛梭雷射」指的就是以分段光熱分解的方式來作用的雷射儀器，因其最早的機型就是 Fraxel laser，中文直接音譯為「飛梭雷射」，從此成為這類儀器的代名詞。不同於傳統雷射全面性廣泛的治療，飛梭雷射是採用「階段性治療」的觀念，一次治療通常只破壞10～30%的皮膚，故通常需要治療五次以上的療程，才會有較全面的效果。

(1) 二氧化碳雷射（Carbon dioxide laser）

波長10,600奈米，主要被水分吸收，由於皮膚含大量水分，所以可破壞表皮增生的病變，如淺層表皮斑點（晒斑、雀斑）、汗管瘤、息肉、青春痘疤痕等皮膚病變。二氧化碳雷射主要功能在於聚光時可以蒸發和切割皮膚組織而不流血，在散光時可以蒸發、凝結組織，並利用其產生的熱效應活化膠原蛋白，可以運用在消除臉上

的皺紋及青春痘疤痕，也可以用來除痣及祛除皮膚良性小腫瘤。

　　早期的二氧化碳雷射換膚是整片皮膚全部破壞，但是手術後發生紅腫的時間會維持很久，平均要二至四個月，而且膚色較深的人（東方人的黑色素較多）發生色素沉著的機會很高，因此現在大多採用分段治療的概念，也就是上面提過的分段換膚飛梭雷射，一次約破壞20～30%左右的皮膚，此比例可由操作醫師根據回數及密度調整，留下約70～80%的完整皮膚，不但縮短恢復時間，只需要約一週左右，也大大降低了反黑風險，多次治療後效果一樣很好。

　　坊間所謂的二氧化碳飛梭雷射，就是二氧化碳分段換膚雷射。二氧化碳飛梭雷射儀器在治療時有多個參數可以設定，藉由能量和脈衝時間的控制可以決定剝離深度及熱效應（刺激膠原蛋白收縮及新生）並減少周圍組織傷害，還可以選擇微點間距（決定破壞比例）及治療區域的形狀、大小。臨床上的運用可以很靈活，針對不同的皮膚問題（凹洞、皺紋、毛孔粗大、回春等），或是不同嚴重程度的問題（淺凹洞、深凹洞、細紋、深層皺紋等），運用不同的參數設定來達到最佳效果和最短的恢復期。

適應症
　　青春痘疤、皺紋、毛孔粗大、淺層斑點、老化角質堆積、臉部緊實回春、脂漏性角化症、痣……等。

不適應症
・施打部位的皮膚有發炎、感染、外傷、過敏、嚴重化膿性青春痘等不適現象。
・身上有疤痕增生、蟹足腫的疾病。
・全身性紅斑狼瘡（SLE）。

- 光過敏者。
- 懷孕。
- 曾有接受過放射線治療或化療者。
- 最近有受日光曝晒。
- 最近有做臉，使用A酸或果酸護膚，或接受雷射、脈衝光治療者。
- 病患有不切實際的期望。

　　有上述不適應症者，應避免施打二氧化碳雷射，或經由醫師評估後，再決定要不要施打。

施術流程

　　臉部卸洗→拍照→上麻醉凝膏（二十至三十分鐘）→卸麻膏→開始飛梭雷射儀器治療→術後課程護理→提醒注意事項→上保養品。

體驗感受

　　因疼痛感大，因此施打前都會敷上麻膏，卸掉麻膏後開始施打，臉部被雷射掃過的區域會有灼熱刺痛的感覺。隨著能量的增高，及施打回數、密度的加強，會加重熱痛感。施打結束後，臉上會紅腫熱脹。

　　經十二至四十八小時後，臉部會覺得很乾燥及摸起來很粗糙，這是因為雷射破壞了皮膚細胞組織後，皮膚在進行修復及代謝的過程。經三至七天後，皮膚會有點狀的痂皮組織形成，這時不需要特別把這些痂皮組織剝落下來，待遭破壞的皮膚組織自然脫落後，新的細胞組織會讓痘疤、粗大的毛孔、皮膚的暗沉、小細紋的部分有所改善。

副作用

常見：紅腫、燒灼疼痛、結痂、皮膚乾燥、癢。

較不常見：反黑、粟粒腫、青春痘惡化、感染、永久性疤痕。

術前注意事項

- 有蕁麻疹、異位性皮膚炎、傷口、發炎、化膿的皮膚，不適合進行療程。
- 口服A酸停用三個月後再進行療程。如有使用A酸藥膏、退斑膏，建議停一個月後再進行療程。
- 治療前三至四週避免雷射美容、磨皮、果酸換膚、去角質、挽臉。
- 治療前後一週內應避免曝晒，若有擦皮膚藥膏者要主動告知。
- 治療前三至五天，加強皮膚保濕。

術後注意事項

- 表皮的新生在治療後二十四小時內會立即發生，治療後八至十二小時即可洗臉、敷臉及上術後保養品。部份人會有一至三天的微紅腫，三至七天的微紅，此時的皮膚會較乾燥敏感，應盡量使用術後修護產品，視皮膚恢復狀況，約三至五天即可上妝。
- 請選擇溫和不刺激的清潔用品，清潔時應輕柔，減少使用含顆粒的洗面乳或磨砂膏。
- 術後若有乾緊、脫皮或癢，長小疹子、粉刺，只要加強保濕即可改善不適。
- 治療斑點、痘疤後，會有暫時性的反黑及結痂，屬正常現象，請不用太擔心。
- 兩週內請不要去角質或使用刺激性保養品，如含有酒精、左旋 C、果酸、A酸、水楊酸、杜鵑花酸或其他酸性刺激的產品，請

以低敏感性產品為主。

· 兩週內減少使用蒸氣、烤箱、泡澡、陽光曝晒，建議使用冷水或溫水洗臉，以預防皮膚的敏感。

· 術後要加強皮膚的保濕及防晒，使用SPF 30以上的防晒用品，一日擦拭多次。

· 建議四週後可以施打下一次療程，以加強效果。

(2)鉺雅克雷射（Er: YAG laser）

波長為2,940奈米，主要被水分吸收，產生高能量，使皮膚表層汽化，從而達到祛除皮膚表層的目的，對於水分吸收的強度是二氧化碳雷射的十六倍。當作用在皮膚時，可以更充分的讓皮膚吸收其能量，精準地汽化表皮組織，降低熱效應的破壞。

它的熱效應非常低，是二氧化碳雷射的十分之一至十三分之一。因為熱效應低，相較於二氧化碳電射，它對皮膚的熱傷害少、治療深度淺、疼痛度低、手術後發生的副作少（發生紅斑的時間比較短，發生色素病變的機會也較低），恢復期短。但也因為熱效應低，對膠原蛋白的刺激比二氧化碳雷射來得少，因此其除皺、治療痘疤的效果也稍差。

鉺雅克雷射術後所產生的紅腫會在一個月內消失，主要應用範圍是祛除臉上細小皺紋、青春痘疤痕、痣、疣及斑等。過去因恢期長而難以普遍，近來的醫學美容市場也出現了鉺雅克分段換膚雷射，俗稱「鉺雅克飛梭雷射」，大大地縮短了恢復期。和二氧化碳飛梭雷射的儀器一樣，醫師可藉由不同的參數設定和治療方式，來針對每個人的膚況給予改善。

適應症

青春痘疤、皺紋、毛孔粗大、淺層斑點、老化角質堆積、臉部緊實回春、脂漏性角化症、痣……等。

不適應症

- 施打部位的皮膚有發炎、外傷、過敏、嚴重化膿性青春痘等不適現象。
- 身上有疤痕增生、蟹足腫的疾病。
- 全身性紅斑狼瘡（SLE）。
- 光過敏者。
- 懷孕。
- 曾接受過放射線治療或化療者。
- 最近有受日光曝晒。
- 最近有做臉，使用A酸或果酸護膚，或接受雷射、脈衝光治療者。
- 病患有不切實際的期望。

有上述不適應症者，應避免施打鉺雅克飛梭雷射，或經由醫師評估後，再決定要不要施打。

施術流程

臉部卸洗→拍照→上麻醉凝膏（二十至三十分鐘）→卸麻膏→開始飛梭雷射儀器治療→術後課程護理→提醒注意事項→上保養品。

體驗感受

因疼痛感大，因此施打前都會敷上麻膏，卸掉麻膏後開始施打。此雷射的聲音較大，受治療者一開始常被嚇到。臉部被雷射掃過

的區域會有灼熱刺痛的感覺，隨著能量的增高及施打回數、密度的加強，會加重熱痛感。施打結束後，臉上會紅腫熱脹。

經十二至四十八小時後，臉部會覺得很乾燥及摸起來很粗糙，這是因為雷射破壞了皮膚細胞組織，皮膚正在進行修復及代謝的過程。經三至七天後，皮膚會有點狀的痂皮組織形成，這時不需要特別把這些痂皮組織剝落下來，遭破壞的皮膚組織自然脫落後，新的細胞組織會讓痘疤、粗大毛孔、暗沉皮膚、小細紋等部分有所改善。

副作用

常見：紅腫、燒灼疼痛、結痂、皮膚乾燥、癢。

較不常見：反黑、粟粒腫、青春痘惡化、感染、永久性疤痕。

術前注意事項

- 有蕁麻疹、異位性皮膚炎、傷口、發炎、化膿的皮膚，不適合進行療程。
- 口服A酸停用三個月後再進行療程。如有使用A酸藥膏、退斑膏，建議停一個月後再進行療程。
- 治療前三至四週避免雷射美容、磨皮、果酸換膚、去角質、挽臉。
- 治療前後一週內應避免曝曬，若有擦皮膚藥膏者要主動告知。
- 治療前三至五天，加強皮膚保濕。

術後注意事項

- 表皮的新生在治療後二十四小時內會立即發生。治療後八至十二小時即可洗臉、敷臉及上術後保養品。部分人會有一至三天微紅腫，三至七天的微紅，此時的皮膚會較乾燥敏感，應盡量使用術

後修護產品，視皮膚恢復狀況，約三至五天即可上妝。

- 請選擇溫和不刺激的清潔用品，清潔時應輕柔，減少使用含顆粒的洗面乳或磨砂膏。
- 術後要加強皮膚的保濕及防晒，使用SPF 30以上的防晒用品，每日擦拭多次。
- 術後若有乾緊、脫皮或癢，長小疹子、粉刺，只要加強保濕即可改善不適。
- 治療斑點、痘疤後，會有暫時性的反黑及結痂，屬正常現象，請不用過於擔心。
- 兩週內請不要去角質或使用刺激性保養品，如含有酒精、左旋C、果酸、A酸、水楊酸、杜鵑花酸或其他酸性刺激的產品，請以低敏感性產品為主。
- 兩週內減少使用蒸氣、烤箱、泡澡、陽光曝晒，建議使用冷水或溫水洗臉，以預防皮膚的敏感。
- 建議四週後可以施打下一次療程，以加強效果。

(3) 鉺玻璃雷射（Er: GLASS laser）

波長1,550奈米，主要被水分吸收，在治療皮膚的加熱過程中，只會產生瞬間的柱狀凝結作用，而不會發生表皮組織汽化作用，因此雷射光束不會造成組織剝離或傷口結痂，屬於非汽化式的雷射。鉺玻璃雷射是最早使用分段光熱分解原理來作用的雷射。

鉺玻璃雷射利用多個微小的獨立雷射光束，直接打進皮膚真皮層，達到治療效果，同時分解皮膚色素、促進皮膚組織代謝更新、刺激膠原蛋白再生、改善疤痕組織結構等，以達到回春及凹洞疤痕修復的效果。

由於鉺玻璃雷射屬於非汽化式飛梭雷射，施術後，表皮的角質層結構仍然完好，並無開放傷口，所以皮膚受損程度會比起汽化式雷射整片祛除表皮組織低很多。對於表皮黑色素較多的東方人來說，可以降低治療後反黑的黑色素沉澱現象。

鉺玻璃雷射的治療深度比脈衝光，甚至磨皮雷射，還要來得更深，但是又具恢復期比汽化式雷射磨皮短得多的特性，兼具了汽化雷射與非汽化雷射的優點。

術後會有稍微紅腫，持續的時間可能是幾小時到一至兩天，依能量設定與個人差異不同，少數人可能會持續三至五天。皮膚可能

Point

鉺玻璃雷射作用原理

個別的多重微加熱區域，皆影響一部分體積的組織。

每個直徑50～70微米的加熱區皆有生長組織包圍，並形成獨特癒合傷口。

表皮組織被凝結，角質層結構完好，膠原蛋白凝結成400～700微米的大小，並無滲出物形成。

極小傷口與周邊生長組織提供上皮組織快速的修復。

排擠並置換受損的組織（微細表皮壞死碎屑），達成換膚的效果。

像日晒後的反應，感覺較乾燥，但是不會有疼痛感。因沒有肉眼可見的傷口，不需要任何特別的照顧，術後可以洗臉，也可以上妝。

在臨床應用上，以高能量施打於皮膚組織內層後，可以有效改善細紋或皺紋、毛孔粗大或青春痘疤痕，以及手術或燒燙傷等疤痕組織結構；如果改以低能量照射時，可以逐漸代謝肝斑（黑斑）、紫外線造成之光老化，改善膚質結構。

適應症

改善肝斑、皺紋、日光性傷害或老化造成的色素不均（色素斑點）、萎縮性疤痕（青春痘疤、外科疤痕），換膚（皮膚紋理改善、毛孔粗大），全臉緊實回春……等。

不適應症

- 施打部位的皮膚有發炎、外傷、過敏、嚴重化膿性青春痘等不適現象。
- 身上有疤痕增生、蟹足腫的疾病。
- 全身性紅斑狼瘡（SLE）。
- 光過敏者。
- 懷孕。
- 曾接受過放射線治療或化療者。
- 最近有受日光曝晒。
- 最近有做臉，使用A酸或果酸護膚，或接受雷射、脈衝光治療者。
- 病患有不切實際的期望。

有上述不適應症，應避免施打鉺玻璃雷射，或經由醫師評估後，再決定可不可以施打。

施術流程

臉部卸洗→拍照→上麻醉凝膏（四十五至六十分鐘）→卸麻膏→開始鉺玻璃飛梭雷射儀器治療→術後課程護理→提醒注意事項→上保養品。

體驗感受

治療時會有能量進入皮膚的暫時性刺熱感，隨著治療回數和能量的增加，疼痛感也會增加。飛梭治療完畢後，需冷敷三十至四十五分鐘，一小時內會有輕微日晒般的溫熱感受、紅腫、水腫或緊繃的感覺，但幾乎無嚴重不適。

治療後三至七天內，皮膚將呈現粉嫩色調，此為皮膚深部組織進行修復調節的正常現象。腫脹的情形非常輕微，且於二至三天內會消退。治療完畢後，即可立刻保養及上妝，大部分的病患於治療後或治療隔日，便可正常上班。

副作用

常見：皮膚紅、腫、乾燥、有小皮屑的感覺。

較不常見：癢、暫時性膚色加深。

術前注意事項

· 有蕁麻疹、異位性皮膚炎、傷口、發炎、化膿的皮膚，不適合進行療程。

· 易產生發炎後色素沉澱（反黑）的體質，最好能做好預防性的治療，如防晒、美白導入，搭配淨膚雷射淡化色素……等。

· 口服A酸停用三個月後再進行療程。如有使用A酸藥膏、退斑膏，建議停一個月後再進行療程。

· 治療前三至四週避免雷射美容、磨皮、果酸換膚、去角質、挽

臉。

- 治療前後一週內應避免曝晒，若有擦皮膚藥膏者要主動告知。
- 治療前三至五天，加強皮膚保濕。

術後注意事項

- 治療後當天，利用空餘時間持續進行冰敷。
- 若有必要，可於治療後立即上妝或刮鬍子。
- 術後若有乾緊、脫皮或癢，長小疹子、粉刺，只要加強保濕即可改善不適。
- 治療當天睡覺時請墊高頭部，以降低水腫情形。
- 治療後，務必加強保濕，使用SPF30以上的防晒品，並加強其他各種防晒方式，如撐傘、戴帽子、戴口罩……等。
- 清潔及保養方式需輕柔溫和，請選擇溫和不刺激的清潔用品。清潔時應輕柔，減少使用含顆粒的洗面乳或磨砂膏，勿過度搓揉或去角質。
- 兩週內請不要去角質或使用刺激性保養品，如含有酒精、左旋C、果酸、A酸、水楊酸、杜鵑花酸或其他酸性刺激的產品，請以低敏感性產品為主。
- 兩週內減少使用蒸氣、烤箱、泡澡、陽光曝晒，建議使用冷水或溫水洗臉，以預防皮膚的敏感。
- 建議四週後施打下一次療程，以加強效果。

⊙換膚雷射比較表

	鉺玻璃飛梭	鉺雅鉻飛梭	二氧化碳飛梭
雷射類型	非剝離式（1,550奈米）	剝離式（2,940奈米）	剝離式（10,600奈米）
傷口	無傷口、皮膚泛紅。	微小點狀傷口，表皮呈現許多點狀小痂皮。	微小點狀傷口，表皮呈現許多點狀小痂皮。
作用深度	真皮層（300～1200微米）	表皮層（10～30微米）	表皮層至真皮層（75～150微米）
雷射特性	深層加熱	淺層微創	淺層至深層微創
疼痛感	★★★★★	★	★★★
美白淡斑	★	★★★	★★★★★
膚質改善	★	★★★	★★★★★
凹洞效果	★★★	★	★★★★★
外傷疤痕效果	★★★★★	★	★★★
恢復期	最短	短（7～14天）	短（7～14天）
綜合分析	無法將表皮汽化，能量穿透時易受表皮厚薄影響，效果因人而異。術後無傷口，可立刻上妝。	雷射能量容易被水分吸收，無法穿透深層組織，導致熱效應有限。	水分吸收介於1,550～2,940奈米之間，所以穿透深度比2,940奈米好，可達成汽化剝離效果。

二‧色素雷射

　　色素雷射的波長可被黑色素吸收，進而產生破壞作用，可用於除斑、毛，以及刺青。

(1) 紅寶石雷射（Ruby laser）

　　波長694奈米（紅光），是目前色素雷射中效果最好的雷射，但亦有其缺點，皮膚在術後會出現浮腫，對東方人的膚色來說，也可能會出現術後「反黑」，即「發炎後色素沉著」的惱人情況，所幸「反黑」在數月之後，會逐漸淡化。

　　適用於移除表皮與真皮層的色素性病灶，如太田母斑、貝克氏母斑、顴骨母斑、藍黑色刺青、除毛，效果明顯，可合併磨皮雷射，袪除傳統雷射觀念中須利用切除手術方能徹底移除的真皮痣。

(2) 紫翠玉雷射（Alexandrite laser）

　　波長755奈米（紅光），與紅寶石雷射皆為紅光雷射。因波長較長，所以穿透深度稍深，可移除上述的色素病灶，亦有專用於除毛的機型。用於改善黑色素沉著、刺青、紋眉、臉上黑斑及先天性胎記等最為有效。

(3) 鉫雅克雷射（Nd: YAG laser）

　　具備532奈米與1,064奈米雙重波長的模式，可依需要調整來兩種波長，長波長1,064奈米的穿透度較深，能治療刺青和深層的真皮色素，如太田母斑。532奈米的短波長，可以用在雀斑、晒斑、

淺層色素斑的祛除。坊間之前常見的「黑娃娃柔膚雷射」（碳粉雷射）就是利用銣雅克雷射機型的治療方式，但因使用時須在治療部位塗敷碳粉，除了使用不方便，也具有危險性，因為碳粉一旦吸入人體，將沉積於肺部，可能造成「塵肺症」。因此，雷射廠商以相同的光源，調整雷射光波的波型與脈衝寬度，推出不需塗敷碳粉的「淨膚雷射」（坊間又稱為「C6雷射」或「白瓷娃娃雷射」），具有改善暗沉膚色、美白，可刺激真皮層第一型及第三型的膠原蛋白增生，以達到緊緻膚質的效果，對傳統雷射觀念中無法治療的「肝斑」也具有明顯的療效。

在臨床經驗上，淨膚雷射也有改善出油性皮膚、縮小毛孔、祛除細毛、治療青春痘的功效，據推測可能是細毛與皮脂腺受雷射光束破壞而產生的效果。傳統的色素雷射運用於有色人種，常有術後「反黑」的問題，但淨膚雷射術後反黑的機率減少許多，較適合東方人膚質。術後可能會造成皮膚表面發紅或輕微紫斑的情況，但此為可逆性的變化，一般會於一至三天內消退。

銣雅克雷射與紅寶石雷射一樣，可用於治療刺青及黑色素斑、痣。兩者比較起來，銣雅克雷射較便宜，對刺青效果較好，唯一缺點就是治療時會引起皮下出血，治療深斑時需要比紅寶石雷射多好幾次的治療。

隨著淨膚雷射儀器的進步，近來更出現了將分段光熱分解技術與銣雅克雷射結合的「Helios II 八倍淨膚飛梭雷射」。八倍淨膚飛梭雷射的作用原理，是採用1,064奈米的治療波長與 Q-YAG 飛梭探頭，以選擇性的光熱療法搭載飛梭功能Q開關 Nd-YAG 釹雅鉻雷射系統，特殊的「細胞膜波型」能讓雷射光束均勻地作用在皮膚上，

並有效縮短治療時間。

　　由於八倍淨膚雷射在分段光束模式（在5×5平方公釐中，有八十一個相同能量的作用點）中擊發，因此可以應用的能量比傳統的淨膚雷射高，能夠較有效破壞位於真皮層的各種色素斑，且較不會損害周邊的正常細胞。八倍淨膚雷射的光點尺寸小於200微米，搭配世界專利的低溫飛梭探頭，接受治療時的不適感遠低於接受傳統淨膚雷射治療時產生的疼痛，因此治療前不需要上麻藥，改善效率更高。

　　除此之外，八倍淨膚雷射還有三種不同的探頭，可讓醫師在治療時依不同的皮膚狀況選擇不同的探頭。

・聚焦探頭：除斑、淨膚、除刺青。
・平行光探頭：緊緻拉提、淨膚。
・低溫飛梭探頭：肝斑、色素沉澱、八倍淨膚。

適應症
・波長1,064奈米：縮小毛孔、代謝粉刺、均勻亮白、淡化細紋和肝斑、緊緻膚質，除去深層斑（太田母斑、顴骨母斑）、刺青，改善發炎後色素沉澱。
・波長532奈米：淺層斑，如雀斑、晒斑、老人斑。

不適應症
・懷孕。
・過敏發炎中的皮膚。
・有進行性細菌或病毒感染的皮膚。
・罹患癌症的部位或進行過癌症放攝線治療的部位。

- 使用對光敏感藥物或近期使用過A酸者，不能馬上治療。
- 卡波西氏瘤（Kaposi's sarcoma）。

施術流程

臉部卸洗→拍照→上麻醉凝膏→卸麻膏→開始鉬雅克雷射儀器治療→術後課程護理→提醒注意事項→上保養品。

體驗感受

治療時間會依治療區域範圍而有不同，全臉治療約需五至十分鐘（不含術前清潔準備時間）。依皮膚問題的嚴重程度，醫師會調整最合適的劑量。治療時，會感覺到雷射光束一小點一小點的，像小熱水柱一般打入皮膚中，進行皮膚的深層修護。

用1,064奈米的波長治療全臉時，不會有傷口，除非很怕痛，不然是不需要敷麻膏的。用532奈米的波長除斑時，疼痛感較明顯，斑點處打完後會立即結痂（一開始是白色，後來會逐漸轉成深棕色），一般來說會先敷麻膏來降低疼痛。

副作用

- 初次接受雷射者，可能會有「暫時性毛囊功能障礙」的反應，臉上可能會出現小丘疹、痘痘等，約三至五天會消失。若持續有此問題，請回診所讓醫師評估。
- 少數人的色素斑在治療後三至四週，傷口會轉為淡褐色再轉為深棕色，屬於正常的暫時性反黑現象，並非治療無效。只要重視治療後的護理，約有90%患者的反黑情形會在一至兩個月後開始逐漸淡化，並在三至六個月內恢復至正常膚色。

術前注意事項

- 有蕁麻疹、異位性皮膚炎、傷口、發炎感染、化膿的皮膚，不適合進行療程。
- 口服A酸停用三個月後再進行療程，如有使用A酸藥膏、退斑膏，建議停一個月後再進行療程。
- 治療前三至四週，避免雷射美容、磨皮、果酸換膚、去角質、挽臉。
- 治療前後一週內，避免曝晒，若有擦皮膚藥膏者要主動告知。
- 建議治療前三至五天，加強皮膚保濕。

術後注意事項
◎全臉淨膚雷射（1,064奈米波長）術後

- 治療後四小時勿上妝，四十八小時內勿用酒精及含果酸類的產品。
- 治療部位若有較紅的情形，建議冷敷。
- 皮膚會有較乾的情形，建議加強保濕，但避免太過油膩之產品。
- 要做好防晒措施，使用SPF30以上的防晒品。
- 建議三週後，進行下一次淨膚雷射治療。

◎淺層斑

- 治療當下，斑點會有白色的結痂傷口。
- 治療後二至三分鐘，傷口會輕微紅腫，稍有灼熱感，當天就會消退，可依處方冷敷傷口。
- 治療後當天，勿碰水，盡量保持乾淨，切勿搔抓傷口。
- 第一至三天，傷口會開始形成深棕色痂皮，請勿用手摳除，以免感染造成疤痕。
- 痂皮形成後可正常洗臉化妝，洗臉時別太用力，且暫勿用磨砂膏

及做臉。

· 第三至七天，痂皮開始自然脫落。
· 第二至三週，痂皮脫落後的傷口為淡粉紅色，此為新生皮膚的顏色。
· 因傷口對陽光極為敏感，所以在治療後三至六個月不可直接曝晒太陽。出門需擦拭SPF30以上之防晒乳，並使用傘、口罩、帽子隔絕紫外線。

◎深層斑
· 治療當下，皮膚不會有明顯反應。
· 治療後二至三分鐘，皮膚會有微紅產生。
· 不會結痂，待身體免疫系統將黑色素代謝，即達到除斑的效果。

三·血管雷射

染料雷射（Dye laser）

　　波長介於577至600奈米（黃光），一般皆以585或595奈米來治療。配合冷卻系統，可降低治療時的疼痛感。進行多次治療後，可有效減小血管瘤的病灶，為目前血管性雷射的最佳選擇之一。最主要的適應症為血管性病灶，如微細血管增生、酒糟、血管瘤、紅色痘疤、靜脈曲等病變。

四·電波拉皮

　　傳統的拉皮方法，須利用外科手術切除一部分皮膚，風險較高且恢復期長，於是發展出電波拉皮這種非侵入性的拉皮方式。電波

拉皮是利用「無線電射頻」（radiofrequency）的能量，使真皮層及皮下組織的膠原蛋白受熱收縮，產生再生與重組，進而緊緻膚質，達到拉皮的效果。

在加熱皮膚的同時，專利的治療探頭可以冷卻表皮溫度，因此，表皮層被周全的保護而不會有傷口，做完電波拉皮的療程後，就可以立刻上妝，不需恢復期，成為許多愛美人士的保養利器。

電波拉皮的原理是在光譜中非游離輻射光線的電波與微波中，選擇頻率範圍較低的電波（3千赫～300兆赫），而非頻率範圍較高的微波（300兆赫～300吉赫），兩者的相同點在於它們能將組織加熱，大家耳熟能詳的微波爐（利用微波而非電波），便是利用此原理來將食物加熱。

電波可以加熱組織，而且是深層的組織，運用這個原理，每秒震動高達六百萬次的無線電波，在電腦系統嚴密的監視，以及表皮冷卻系統的幫助下，儀器的探頭可發出高頻率震動，使皮膚內的分子因摩擦而產生熱能，溫度大概在68～72℃之間，可以精確的加熱真皮組織全層，甚至是皮下脂肪組織，進而產生雙重的皮膚反應：立即性的組織收縮，與長期的膠原蛋白新生。

電波拉皮除皺就是藉著熱能使膠原蛋白收縮，並隨著時間不斷的再生、重組，進而達到緊緻皮膚、改善皺紋的效果，且變得越來越平滑。這也就是為何雷波拉皮可達到媲美拉皮手術的除皺作用，以及相當於磨皮的除痘疤作用。

因此，不論是青春痘疤痕、魚尾紋、抬頭紋、眼皮下垂、下巴或頸部鬆弛，甚至身體較肥胖或鬆弛的部位等，都適合接受電波拉

皮術的治療。根據最新的報告，治療一次有長達六個月的改善與持續數年的效果。因其治療效果自然，膚質會隨著時間改善，每一天都有持續性的改變，約六個月後，將會看到整個治療的完整效果，長期性效果的改善情形能維持兩年左右。不過，其持續性與治療年紀、皮膚狀況及生活方式有關。

電波拉皮儀器的正式名稱為「熱世紀熱酷爾電刀系統」（Thermage TheraCool system），目前已經改良到第三代CPT探頭，其舒適度已經較前兩代好很多了，其主要的特色為：

- CPT冷霧探頭：新增的雙層探頭薄膜，可使能量均勻加熱，在相同的舒適度下達到更高的溫度，大大提升治療效果。
- 間歇式脈衝電磁波傳遞模式：傳遞時穿插冷媒噴灑，干擾神經傳遞疼痛知覺，增加舒適感。
- 震動技術：以震動模式抑制神經傳遞疼痛知覺，降低治療中的熱痛感。

由於探頭的進步使舒適感大為提升，進行電波拉皮治療時已經不需要施打靜脈注射的麻醉劑，也不一定要敷上麻膏就可以直接施打。受治療者在清醒的狀態下，可以正確的給予醫師疼痛感的回饋，讓醫師斟酌受治療者情況，使用最適合的能量施打，大大降低了受治療者可能被過高能量灼傷，導致皮膚紅腫、結痂的風險。此外，進行電波拉皮治療時，可依部位使用不同大小的探頭，有臉部、眼周和身體的探頭。

施打電波拉皮前，應該與醫師充分溝通，讓醫師了解你的需求及最想改善的重點，以便事先分配施打發數及能量，達到最好的改善效果。

施打電波拉皮好比在跑步，可分為三個階段：暖身、加速、衝刺。一開始，醫師會先用較低能量暖身，讓受治療者的皮膚慢慢適應這個溫度，接著會慢慢把能量往上拉提，受治療者會越來越有感覺，最後會選擇一個有熱痛感，但還可忍受的能量幫受治療者做最後衝刺。

電波的效果和其施打的發數、密度、深度（能量強度）有很密切的關係，至於如何在固定發數內打出密度和夠高的能量強度，又不至於讓受治療者灼傷或痛到受不了，就有賴於醫師的經驗及技術了。醫師會依據受治療者皮膚施打後紅的程度、對疼痛的反應，以及不同受治療者皮下組織的厚度來做調整，並不是一味地打高能量就好，若沒拿捏好高能量，可能會導致受治療者灼傷而產生水泡及色素沉澱的風險。因此，若要做電波拉皮，還是要找有經驗的醫師較為安全。

適應症

- 使輕微或中度鬆弛的皮膚變得緊緻。若是嚴重鬆弛，希望有明顯改善者，還是進行手術拉皮效果較好。
- 改善眼周皺紋、眼皮下垂，凸顯下巴、頸部輪廓線，改善側面弧度。
- 縮小毛孔，改善青春痘疤痕。
- 稍微淡化及縮小妊娠紋、肥胖紋。
- 緊實及局部雕塑皮膚鬆弛的蝴蝶袖、腹部及大腿等部位。
- 想讓皮膚更緊實卻不想開刀者。

不適應症

- 懷孕。

- 裝有心臟節律器者。
- 皮膚有傷口或發炎狀況。
- 做過小針美容。
- 做過墊下巴、隆鼻等整形外科手術者，需視植入物的材質而定。
- 臉部有植入鋼釘者。
- 有先天性免疫疾病，如紅斑性狼瘡……等。

有上述情況，一定要在術前告訴醫師，並經過醫師評估後，再決定是否進行電波拉皮。

施術流程

清潔臉部→照相→上麻膏（可省略）→卸麻膏→清洗臉部→確定身上無金屬物→貼上導電片→擠上傳導液→開始擊發治療→結束治療→把導熱液擦乾→術後護理→提醒注意事項→上保養品。

體驗感受

電波儀器的探頭會輕壓於皮膚上，隨後傳遞無線電波能量，每擊一發約二至三秒，在擊發的過程將感受到治療部位被局部冷卻，接著會有深層的熱感，之後又是對該部位的冷卻。隨著治療能量的拉高，深層的熱感會越來越明顯，刺熱感在下巴、頸部（下輪廓線）、耳前到太陽穴的部位會較明顯，還有一些神經出口處會感覺特別強烈。

治療完成後，不會感覺到任何疼痛或不適，但可能有皮膚泛紅的現象，約在數分鐘到數小時內會消退，而輕微水腫的情況也會在一天內消失。此療程並無任何傷口，也無所謂的恢復期，一做完就可以立刻上妝。

術前注意事項

· 有不適應症者（懷孕、裝有心臟節律器等）注射，在術前一定要
諮詢過醫師意見，再決定要不要施打。

· 近期有接受填充物（肉毒桿菌、玻尿酸）注射、雷射治療者，依
治療狀況評估是否能接受治療。

· 治療前一週不可使用果酸、A酸、去角質，也不可過度曝晒陽
光。

· 施打前，要卸除身上所有金屬物體，包括首飾、牛仔褲金屬釦子
等。

術後注意事項

· 治療後，加強保濕與防晒，避免照射紫外線。

· 治療後一至三天內，不可使用酒精、果酸、A酸及磨砂膏，也不
要做臉。

· 治療後七天內，請勿過度激烈運動，也不可進行三溫暖、蒸氣
浴、泡溫泉，或使用過燙的水洗臉及熱敷。

微整形逆齡之鑰

4 美白針

美白針是以點滴的方式，達到迅速且全身性均勻補充的效果，點滴中含有多種抗氧化劑成分，以加速代謝黑色素，並可依每個人的體質調整種類與濃度。

施打針劑後，若未在陽光下過度曝晒的話，正常情況下約一個月左右就會發現皮膚比以前白晰亮麗。美白針的成分都是人體所需的營養，不會有副作用產生，長期治療也不會有傷肝傷腎的疑慮。但對於維生素過敏及患有心血管疾病者不適用此療程，對於荷爾蒙因素引起的色素問題，如肝斑、黑皮症等，美白效果會較差。施打美白針對於肝功能不佳的患者也有改善的作用，因為點滴中通常還會加入排毒成分。

施打美白針改善到一定程度後，成效維持多久因人而異，但若忽略了平日的基礎保養及定期的醫學美容護理，以及生活飲食習慣不佳等，都會影響效果。建議除了施打美白針之外，每日的保養仍

要勤加護理，嚴格防晒，並養成良好的生活作息與飲食習慣，可拉長抗氧美白針的效果。

(1) 美白針

又稱抗氧點滴，具有達到抗氧化、美白效能之有效成分，以靜脈點滴注射方式直接注射進入人體，不必先經過腸胃代謝導致耗損，能有效達到迅速且全身均勻美白的效果。

美白針適用於全身性膚質暗沉、皮膚光療後的保養、生活作息不規律、常熬夜、工作壓力大、肝功能不好者。

(2) 膠原抗老針

又可說是美白針的終極版，除了添加更多美顏、養生、調理膚質和體質的成分，更以一整罐胺基酸作為基底。

(3) 胺基酸

胺基酸是構成蛋白質的基本單位，而蛋白質又是生物體內最重要的活性分子，擔任催化生理代謝反應的酵素。胺基酸除了是形成身體主要器官之結構蛋白外（如肌肉、內臟、骨骼……等），也是啟動及關閉體內許多化學反應及代謝功能的開關，包括荷爾蒙或酵素分泌，還有刺激生長激素的分泌，也就是幫助肌肉生長、促進成長、幫助發育、組織修護、幫助鈣質吸收，以及促進膠原蛋白形成、強化免疫系統功能等，某些胺基酸還當作腦部神經訊息傳遞之媒介物，包括腦部控制身體各部位的活動及腺體分泌，甚至連情緒反應有時也與胺基酸的作用有關。

(4) 抗老排毒針

　　抗老排毒針是複合性配方，可阻斷黑色素生成，目前最新式的美白針已含有抗衰老、抗氧化、解毒等方面的功效，最主要的成分是維生素C及B。可以有效促進血液循環、排除體內毒素、抗氧化、阻斷黑色素抗老化，使皮膚緊實有彈性、還原淨白、改善皮膚暗沉及先天性眼眶皮膚暗沉、強化細胞增進新陳代謝等。

適用對象

- 大量與長時間陽光曝晒者。
- 生活作息不規律者。
- 皮膚暗沉與皮膚粗糙者。
- 全身原膚色較黑者。

功效

- 還原黑色素。
- 全身美白。
- 增加皮膚柔嫩度與光澤度。

建議療程

　　每週一至兩次，單次療程時間約為四十至六十分鐘，最少需進行五至六次才會有顯著的效果，保養性治療可改為二至四週一次。

　　衛生署目前尚未核可任何名為「美白針」品項的藥物，但美白針所使用的各個成分，如胺基酸、維生素B群、維生素C等萃取物，都是衛生署核准的合法藥物，所以基本上施打美白針是合法且安全的。但因各家美白針成分不同，消費者在施打前務必詢問專業醫師。

術前注意事項

・空腹不宜注射美白針。

術後注意事項

・治療後，能馬上恢復日常作息，依個人體質可能會有些許的紅腫
　現象，但很快就會褪去。

・請務必加強基礎的保濕與防晒保養，建議使用SPF30～50以上的
　防晒品，外出最好能撐傘或戴帽子，並請二至三小時補擦一次。

⊙美白針一次解析

原理	以注射點滴的方式，由內而外做體內環保，可加速黑色素代謝、淡化已生成的斑點、阻斷新生黑色素、抑制黑色素沉澱、增強抗氧化能力等。
成分	高單位活性維生素C、甘草萃取物、硫鋅酸、芸香素生物類黃酮、綜合胺基酸、綜合維生素B群、阻斷黑色素生成元素。
效果	達到全身美白的效果、增強肝臟解毒功能、促進全身新陳代謝、維護膠原蛋白生成、滋養皮膚、防止貧血。
處方	由專業醫師依個人體質、膚質，以及當下生活作息、飲食、工作壓力、身體狀況，來調整配方種類，量身訂作客製化配方。

微整形逆齡之鑰

5 肉毒桿菌素注射

　　臉部的表情是藉著臉部肌肉的收縮而呈現，過度的收縮、歲月的增長，都會使皮膚彈性纖維逐漸失去彈性，而慢慢地出現魚尾紋、眉間紋、抬頭紋等動態性皺紋。分秒必爭、生活忙碌的都市人追求快速又安全的整形方法，微整形注射治療時間短且有立即的改善效果，不像整形外科的動刀手術所需的修復期較長且疼痛感高，因此日新月異的肉毒桿菌素注射更容易為民眾接受。

　　注射肉毒桿菌素後的幾天內，除皺效果就會出現，並且效果可維持四至六個月左右，除皺效果的維持時間視個人體質而異。對於不想施行拉皮手術又想要快速除皺的愛美消費者，是理想的選擇。

　　肉毒桿菌素是由肉毒桿菌分泌的一種蛋白質，具有神經毒性，可分為A、B、C、D、E、F、G等七型，是食物中毒常見的原因，此物質可阻斷神經末稍釋放乙醯膽鹼，使得肌肉無法收縮運動，所以可改善因肌肉收縮引起的皺紋（如抬頭紋、眉間紋、魚尾紋）、

斜視、斜頸症、肌肉痙攣，與妥瑞氏症引發的不自主眨眼動作。同時，因可阻斷神經與汗腺的信號傳遞，也能減少手汗程度。此外，肉毒桿菌素也能改善肌肉肥大的外觀，如國字臉與蘿蔔腿。

目前經衛生署核准，在臺灣可上市的肉毒桿菌素產品共有兩種，包括愛力根公司的「保妥適乾粉注射劑」（Botox，衛署菌疫輸字第000525號）與「麗舒妥注射劑」（Dysport，又稱為「儷緻」，衛署菌疫輸字第000691號，衛署菌疫輸字第000870號）。

以保妥適為例，它屬於A型的肉毒桿菌素，於1989年得到美國食品藥物管理局許可上市，臺灣衛生署則於1999年4月通過其藥證，而麗舒妥核準上市的時間則較晚。

一・保妥適

保妥適是美國愛力根公司製造的肉毒桿菌素，儲存環境須在5°C以下，為高度純化的蛋白質，可以阻斷神經跟肌肉之間的傳導以鬆弛肌肉，起源於眼科醫師治療斜視、眼周肌肉痙攣、半面痙攣、表情抽搐、痙攣性肌肉等眼部問題，在偶然間發現病患的魚尾紋也同時減少，因而受到注意，進而開始進入實驗階段且得到相當好的結果，肉毒桿菌素就在如此無心插柳之下，成為新一代的美容聖品。

・劑型：乾粉注射劑。
・包裝：50、100、200單位小瓶。

二·麗舒妥

　　麗舒妥是英國生物科技藥廠IPSEN生產的A型肉毒桿菌素注射劑，其儲存不需在極低溫，約2〜8°C即可，一瓶麗舒妥是500單位，而保妥適是100單位。一單位的保妥適效價約等於三至五單位的麗舒妥，也就是說打一單位的保妥適所達到的效果，麗舒妥要打三至五單位才能達到相同的效果。

・劑型：凍晶注射劑。
・包裝：注射瓶。

6 膠原蛋白注射

　　除了市面上較常耳聞的填充型針劑，膠原蛋白提供了更能滿足大眾需求的功能性。相較於刺激皮膚的膠原蛋白增生，直接植入流失的膠原蛋白在近年的市場上蔚為風氣。考量近年消費族群越來越強調選擇上的獨特性，以及功能上的複合使用性，許多醫師選擇先使用膠原蛋白填補肌膚底層強度，延緩老化過程以及改善膚質，爾後再搭配其他療程，或建議執行膠原蛋白的液態拉提以達成客戶微整的目的。

　　膠原蛋白是皮膚的主要成分。皮膚中，膠原蛋白占70％以上，真皮層中有80％是膠原蛋白，膠原蛋白在皮膚中構成了一張細密的彈力網，能鎖住水分。除了皮膚外，骨骼、肌肉、關節、牙齒，甚至眼角膜內，都有不同類型的膠原蛋白存在，膠原蛋白如彈簧般支撐著肌膚彈性，更是確保全身正常運作的功臣。

　　市面上多數膠原蛋白產品並不會註明膠原蛋白的類型。但由相

關單位查驗後，核准上市的商品，可由包裝上的「衛署醫器字號」為依據，到國家單位官方網站查詢詳細商品資訊。品質較佳的膠原蛋白為第一型的膠原蛋白，此型膠原蛋白能有效修護皮膚凹陷（俗稱皺紋），同時具有淡化斑點、美白、鎖水，及帶動自體膠原蛋白增生的功能。

　　膠原蛋白在治療運用上，因其分子顆粒較玻尿酸小，延展性佳，適合施打較表淺處。例如，有眼周皺紋與淚溝困擾時，因為眼周肌膚較薄，在其他注射微整上，較難處理，若貿然進行注射式微整形療程來改善，容易有顆粒、瘀青等問題產生。然而，使用膠原蛋白注射劑，就沒有此困擾。膠原蛋白適合植入皮下組織較薄的部位，如血管豐富的下眼皮、眼周細紋，使用後都顯得十分自然。同時，膠原蛋白注射劑本身就是止血材料，注入皮下時能幫助凝血，促進傷口癒合與組織再生，不像其他人工填充劑，可能會有吸收血水而膨脹的問題，膠原蛋白本身可有效減少術後的不適應。

　　膠原蛋白在植入的初期能夠即刻填補皮膚流失之膠原蛋白，肌膚的彈性恢復即時見效。中期，約一個月內，膠原蛋白發揮飽水效應，植入部位會帶動真皮層重拾吸水、保濕功能，肌膚自然Q嫩。一個月後，注入的膠原蛋白因活化纖維母細胞效應，大量刺激自體增生、分泌膠原蛋白及彈性蛋白。單次膠原蛋白療程後，實際效果能持續一年以上。

　　現階段膠原蛋白的來源主要還是動物組織，主要來源是豬和牛。目前臺灣唯一生產豬膠原蛋白的廠商之膠原蛋白，取自無特定病原豬（SPF, specific pathogen free）養豬廠，由臺灣行政院農業委員會輔導，SPF證書由臺灣動物科技研究所核發。在豬隻的飼養過

程中，每三個月進行一次血清檢查，取膠原原料時再做最終的檢測確認。因此，動物的安全性無虞。另外，該廠商擁有獨特的酵素處理技術，能有效去除可能致敏的端肽（Telopeptide）。去除端肽的膠原蛋白胺基酸序列，幾乎與人體膠原蛋白相同，對人體已無免疫問題的疑慮。

膠原蛋白療程兼具膚質保養以及輪廓調整雙重功能，因膠原蛋白針劑功效多元，注射部位相當廣泛，依據不同訴求，由拉提、填補到美顏，都有不同的施打技巧，建議進行膠原蛋白注射療程時，務必要選擇具原廠膠原蛋白注射認證的醫師來進行施打，以保障自身權益及安全。

Point

膠原蛋白來源比較表

比較來源	優點	缺點
深海魚類	無陸生動物致病源	解離溫度低，不適合醫材應用。
牛	在歐美國家因牛筋取得容易，來源均為牛膠原蛋白。	狂牛症潛在危機（潛伏期二十年）。
禽類（雞、駝鳥）	解離溫度高	禽流感疾病危機（人畜共通疾病）。
豬	性質與人體較為接近，致敏性低。	口蹄疫疾病危機（非人畜共通疾病）。

7 玻尿酸注射

　　玻尿酸注射也是頗受市場歡迎的不動刀微整形方式。先前臺灣所能選擇使用的玻尿酸材質的市場獨占性較強，預計不同品牌的玻尿酸上市後，不僅能幫助醫師在複合式運用上更靈活，療程的費用也會更有彈性，使患者有更多元豐富的選擇。

　　玻尿酸的一個分子可以抓住五百個分子的水分，有很強的保濕能力。人體的真皮層組織中，也含有豐富的玻尿酸。不過，在老化的過程中，表皮變薄，真皮層中的膠原蛋白減少，玻尿酸等膠狀物質也大幅減少，於是造成皮膚萎縮、皺紋等老化現象的出現。

　　玻尿酸注射主要是治療靜態紋，而肉毒桿菌素則適用於動態紋。玻尿酸注射時會有稍微疼痛感，為壓力性脹痛，而肉毒桿菌素注射則是像蚊子叮到般刺痛。所以玻尿酸注射前，會先塗抹局部麻醉藥膏三十分鐘，或是注射局部麻藥，以減少治療時的不適感。肉毒桿菌素注射後需等三至七天才可見到效果，玻尿酸注射只要三十

分鐘左右的時間，治療後效果立即顯現，非常快速。

　　玻尿酸注射後，玻尿酸分子會逐漸被人體吸收及被水分取代，水分與玻尿酸分子結合後，可以維持玻尿酸的體積，直到玻尿酸所有的分子骨架全部被取代而萎縮，其作用才消失。所以，玻尿酸注射的效果可維持六至十二個月，約為膠原蛋白注射（效果持續約三至六個月）的兩倍。

　　玻尿酸注射可運用於改善法令紋、眉間靜態皺眉紋，填補凹陷皮膚，因此臉頰削瘦的人可以注射豐頰，也有豐唇（塑造性感的雙唇）、隆鼻（包括山根部位、整體隆鼻，及鼻孔太大或朝天鼻的調整）等。

　　注射用的玻尿酸，最早來自於雞冠的萃取物，因為是動物性來源，過敏機率較高。近幾年則採用高科技合成出高純度、高安定性的非動物性穩定玻尿酸（Non-Animal, Stabilized, Hyaluronic Acid，簡稱NASHA）。

　　瑞絲朗與玻麗朗等，這些由Q-MED公司生產的玻尿酸，在分解時是以等體積降解（isovolemic degradation）的方式進行，亦即分解時，會吸收水分來維持原本玻尿酸所占據的體積，分解後，會產生可被身體吸收的二氧化碳與水分子，不會殘留有害物質。2007年的研究顯示，注射交聯型玻尿酸至皮膚後，亦可刺激組織產生新的膠原蛋白。

　　瑞絲朗是高安定性的非動物性玻尿酸，安全性極高，幾乎不會發生過敏性反應，注射前不需要先做過敏試驗。

⊙瑞絲朗（Restylane）系列產品

名稱	分子大小	改善部位	維持時間
特麗朗（Vital）	圓磨微粒	全臉緊實，改善頸部、手、膝蓋、胸前皺紋。	六至十個月
唇麗朗（Lipp）	圓磨微粒	豐唇。	四至六個月
薇絲朗（Touch）	小分子玻尿酸 50萬顆/ml	細紋、表淺細紋、淚溝。	四至六個月
瑞絲朗（Restylane）	10萬顆/ml	抬頭紋、法令紋。	四至六個月
玻麗朗（Perlane）	1萬顆/ml	隆鼻、法令紋、眉間紋、臉頰。	四至六個月
史麗朗（Sub-Q）	1千顆/ml	蘋果肌、法令紋、眉間紋、下巴、臉頰。	一至兩年
美可朗（Macrolane）	5百顆/ml	主要注射於皮下組織深層或骨膜上層，應用於胸部、臀部和體雕。	一年半至兩年

8 微晶瓷（晶亮瓷）注射

　　微晶瓷（晶亮瓷）是生物科技合成的化合物，其原料為人體牙齒及骨骼中的礦物成分，也就是俗稱的「骨粉」。早在二十年前，微晶瓷（晶亮瓷）的原料即已廣泛使用在牙科與整形外科中；由此可知，微晶瓷（晶亮瓷）具有極佳的生物相容性。

　　微晶瓷（晶亮瓷）類似人體組織中的無機成分──生物軟陶瓷，可刺激身體產生新的膠原蛋白，補回已經流失的膠原質，且不易位移。此一牙膏狀填充物的填補效果可媲美玻尿酸，常用來填補皮膚凹陷的表面，例如過於削瘦的臉頰、塌陷的太陽穴、法令紋、微笑紋等，近年來更用於施行填補淚溝、豐唇、填補眼袋凹陷、隆鼻等。相較於隆鼻手術，將之注射在鼻部，形狀可以雕塑得更自然，改善效果立見，恢復期縮短很多，副作用也較輕微，幾乎不會影響日常工作與生活。

　　微晶瓷（晶亮瓷）維持效果的時間比玻尿酸長，可以維持十二

⊙注射填充物比較表

品名	Restylane (瑞絲朗)	Juvederm (喬雅登) Ultra	Juvederm (喬維登) Voluma	Hyadermis (海德密絲)	微晶瓷(晶亮瓷)Radiesse (瑞得喜)
成分	非動物性穩定玻尿酸	交聯玻尿酸	交聯玻尿酸	交聯玻尿酸	氫氧磷灰石鈣
產地	瑞典	法國	法國	臺灣	美國
填充物外觀	可穩固堆疊	凝膠形態	凝膠形態	凝膠形態	半固體黏稠狀
濃度	20 mg/ml	24 mg/ml	20 mg/ml	20 mg/ml	
劑型	可針對不同皮膚層量身訂作。	一種	一種	四種	一種
容量	0.5/1.0/2.0 ml	0.8 ml	2.0 ml	1.0 ml	1.3 ml
臺灣衛生署核准時間	2003	2009	2010	2010	2008

至十八個月。這是因微晶瓷（晶亮瓷）注射到組織後，會刺激皮膚增生膠原蛋白。動物實驗發現，注射後七十八週，膠原蛋白的增生量最多；約六個月後，微晶瓷（晶亮瓷）會開始分解成鈣離子、磷酸根等，兩年後會被人體吸收，喪失填充效果。

　　和一般針劑的注射一樣，微晶瓷（晶亮瓷）的注射部位會有輕微的腫脹和疼痛。極少數的病例報告指出，會有少數人的組織反應較厲害，產生如發癢、泛白、腫脹與瘀青等後續狀況，不過這些反應都會在七天內緩解消失，而且這些反應與注射技巧和填補體積也有直接關係。大部分的病人只需注射一次的治療即可達到滿意的結

果，只有少數案例需再次修飾才能達到滿意的效果。治療後無需濕敷，病患僅需加強傷部維護即可，若有紅腫情況，可冰敷以減緩腫脹與瘀血。

　　微晶瓷（晶亮瓷）是百分之百生物科技所合成的物質，和人體組織完全相容的製劑，並不會對人體產生毒性和過敏反應，故不需要在治療前進行皮膚測試。

9 3D聚左旋乳酸注射（舒顏萃）

3D聚左旋乳酸的主要成分為聚左旋乳酸（Poly-L-Lactic Acid, PLLA），是一種與生物相容、不會引起體內排斥，且能被體內自行分解代謝的物質，分解後生成的二氧化碳、水、醣亦可自行代謝。1950年開始，聚左旋乳酸被用來做骨科、牙科及縫線的材料，如羊腸線也是採用類似成分，在醫學界使用上已經超過三十年。

一開始是使用於填補愛滋病患臉部的凹陷皮膚，2009年美國食品藥物管理局核准可使用在改善臉部皺紋上。臺灣衛生署也於2010年7月通過核准用於改善臉部皺紋。

3D聚左旋乳酸在治療前不需進行皮膚過敏測試，可安全使用。注射後能刺激自體膠原蛋白增生，以此方式輕鬆達到改善皺紋、豐頰、全臉拉提及輪廓重塑的效果，將可逐漸修復流失的體積，撐起鬆弛下垂的部位，達到改善皺紋的目的。

3D聚左旋乳酸與一般普遍使用的玻尿酸和微晶瓷（晶亮瓷）

等填充物不同。這些填充物的注射是利用外物直接填補，效果立即顯現。但3D聚左旋乳酸則單純為膠原蛋白增生的刺激劑，依照施打的方式，來慢慢填補凹陷，或達到皮膚緊緻和膚質改善的效果，不但能產生填充式注射的豐潤感，還有雷射式微整形的拉提效果，可以撫平細紋、修補鬆垮的臉部皮膚、提眉、豐頰、蘋果肌、填淚溝、豐太陽穴、豐頰、法令紋、鼻唇溝、嘴角皮膚皺摺、飽滿下顎、緊緻下巴輪廓線條。

　　3D聚左旋乳酸是以漸進的方式展現成效，注射後，皮膚深層需要一段時間來慢慢增生膠原蛋白，效果雖然不能立即顯現，卻可維持兩年左右。不過，治療效果的進度及持久度，會因每個人的體質與生活習慣不同而異。

　　注射3D聚左旋乳酸後一至兩天，水分會被吸收，只剩下藥物繼續刺激膠原蛋白增生。四至六週後，會開始慢慢撫平皺紋，修補鬆垮的臉部皮膚，並於一至三個月內自然地逐漸呈現效果。若要達到最佳效果，注射會分為多次進行，通常為二至三次，每次之間相隔四至六週。因治療效果自然，能讓人不著痕跡的變年輕，甚至有「童顏針」或「液態拉皮」的美稱，一些想要低調變美的貴婦名媛對此療程的接受度相當高。

　　注射時，需注意不可施打過量；同時，注射部位最好深一點，且不可施打於嘴唇、眼周。若處理不當，可能讓膠原蛋白增生過多，而使皮膚表面變得不均勻，形成不規則腫起，需等它隨時間自然流失。

　　除了不規則腫起之外，3D聚左旋乳酸很容易造成結節，也就是各個器官產生的微小細胞團——肉芽腫，若人體的免疫系統對環

境中的某些物質（如細菌、病毒、灰塵、化學物質）或本身的身體組織（自身免疫系統）做出反應，就有可能引發。如果結節不會疼痛但可觸摸得到，時間久後會自然消失。如果會疼痛，有些醫師會施打類固醇或以手術的方式抽出。

此外，注射時也要十分留心感染問題，因為此療程所要施打的針數不少、技術性高，建議要做此療程的消費者，一定找經專業訓練的醫師來為您進行治療。

注射後的常見反應，包括在注射範圍出現腫脹，症狀通常會在注射後一至十五天內自動消退。且因3D聚左旋乳酸屬於稀釋後的懸浮液，和一般注射填充劑的凝膠不同，為了讓注射劑均勻分布在皮膚層中並減少副作用發生，術後的按摩非常重要。按摩的原則為「555」，也就是每天按摩五次，每次五分鐘，連續按摩五天。

10 微針滾輪療法

　　微針滾輪療法就是國外所謂的MTS（Microneedle Therapy System）療法，就是一個小小滾輪上面密布著微細的小針，運用物理性原理在皮膚上來回均勻滾動穿刺破壞，滾動一圈可產生192個微針孔，在皮表上形成極細的傷口，讓生長因子從細小傷口進入真皮層內，刺激皮膚的修護反應，促進膠原蛋白和彈力纖維的再生，進而改善皮膚的疤痕和細紋，讓皮膚更緊實年輕。

　　過程中，可搭配超音波導入，將各式無菌、無香精、無色素、無防腐劑等醫藥級保養品，如多胜肽、維生素、磷脂質、玻尿酸，或是治療凹洞時所用的EGF精華液和纖維刺激素等，適當地導入經微針滾輪穿刺而產生細小的皮膚孔內，加強緊緻細嫩的效果。

　　其原理類似飛梭雷射，卻不會有飛梭雷射術後結痂、反黑的困擾，術後恢復期比飛梭雷射短，治療深度則比飛梭雷射更深，達到皮下 1 公釐以上。 一般人常認為這樣的療法就像磨皮，會在皮膚

上造成流血或結痂，但事實並非如此。磨皮會讓表皮整層磨掉而造成流血和結痂，而微針滾輪可達到每平方公分250～300針的密度，這樣的微創是比使用30G（Gauge，針的粗細單位）的細針穿刺出來的孔還小，在幾個小時內就會迅速癒合。這時真皮層的膠原蛋白就在這樣的保護下增生。因表皮層沒有遭受破壞，所以不會有像果酸換膚或雷射磨皮後皮膚反黑、疼痛或醜小鴨復原期等副作用。

若與單純的超音波導入相較，微針滾輪增加皮膚滲透吸收的方式，是直接在皮膚上打開通道以便滲透；超音波導入則是將皮膚上的正負離子打亂，透過離子差異性所造成的孔道，將有效成分滲透進去。因此，微針滾輪的效果較為明顯又快速。

與注射膠原蛋白和玻尿酸比起來，經由微針滾輪療法刺激所重新生長的膠原蛋白，可長期維持不會遺失掉。另外，也因表皮層有些許小針孔被刺激代謝掉，所以真皮層也會有自行刺激生長的效果。

進行時，可依個人需求選擇不同尺寸的微針滾輪（深度從0.5～2公釐不等，由醫師視皮膚狀況而定），術後照護簡易，無恢復期，且不會留下任何疤痕，可達到美白、縮小毛孔、淡化細紋、肥胖紋、妊娠紋及全臉緊緻的效果。

建議也可將微針滾輪療法加入護膚保養中，較淺層的微針不會過於刺激，甚至可作為日常保養，搭配飛梭雷射、電波拉皮、PRP自體細胞回春療法，療程效果更好。

適應症
・可淡化疤痕，尤其是痘疤、凹疤治療。

- 改善皺紋、妊娠紋、肥胖紋、成長紋。
- 緊實皮膚，縮小毛孔，改善黯沉皮膚。
- 改善落髮、禿髮。
- 除了臉部、眼睛周圍外，頸部、手背、身體等皆可適用

不適應症

皮膚敏感、蟹足腫、對特殊藥物過敏、嚴重異位性皮膚炎、糖尿病，或有嚴重高血壓、凝血疾病的人、孕婦，不適合進行微針滾輪。若有疑問，進行前最好與醫師溝通討論。

術前注意事項

微針滾輪在使用前須經過仔細消毒。

術後常見現象

- 當天至隔天會紅腫刺痛。
- 第三至五天會乾燥、脫皮、脫屑。
- 第四至六天會有粉刺較多或長痘痘的情況，此為皮膚修護過程中常見的反應，約一週內會逐漸趨緩，但若不適感持續，務必返診。

術後注意事項

- 當皮膚出現緊繃拉扯感時，表示皮膚缺水，必須立即補充保溼產品。
- 術後一至兩天，使用居家護理產品時，可能會有刺痛的感覺，建議使用溫和不刺激的醫學美容保養品，勿使用含有刺激性成分的保養品，如果酸、左旋C原液和去角質產品。
- 術後一至兩天內，必須避免浸泡熱水浴或三溫暖，不要進入烤箱，也不要游泳，以避免氯的傷害。

‧微針療法並不會在表面留下傷口或是造成疤痕，故於療程後隔天即可上妝，但建議術後一至兩天內以淡妝為宜。

‧防晒建議使用SPF30以上產品。

11 PRP自體細胞回春療法

　　PRP（Platelet Rich Plasma）自體細胞回春療法，又稱為「高濃度血小板血漿」，是近年來最熱門的整形美容話題。簡單來說，就是抽出人體血液，經過特殊的離心處理，萃取出富含生長因子的血小板血漿，注入欲改善部位，可再打回皮膚或敷在皮膚表面，以促進皮膚組織細胞活化、再生與修復，進而達到回春的效果。

　　PRP治療早在十八世紀就已經出現，初期應用在心臟血管外科，後來應用範圍延伸到骨科、復健科及牙科，在國外被稱為吸血鬼療法（Vampire therapy）或是德古拉療法（Dracula therapy），點出從血液擷取治療精華的觀念。研究發現，如果將血液的pH值由7.0～7.2降到6.5～6.7，略酸的條件下會讓血小板受刺激，激發出 α 顆粒，能夠在瞬間分泌出大量的九種生長因子，對於皮膚及組織回春有極佳效果。

　　血小板中富含許多生長因子，包括血小板衍生生長因子、纖

維細胞生長因子、表皮生長因子、血管內皮生長因子及變形生長因子等，可以促進軟組織再生，對於修復老化組織、促進新陳代謝、刺激表皮組織細胞活化新生，改善色素沉澱、皺紋、膚質，修復痘疤、傷口、凹洞是非常有效的。

PRP富含的血小板血漿，本身既是主角，也是很好的配角。它與自體脂肪填補配合，可以促進血管新生增加存活率；跟肉毒桿菌素治療配合，能延長療效；跟玻尿酸搭配，能促進膠原蛋白再生、延長玻尿酸的有效期限，甚至連微晶瓷（晶亮瓷）等合成材料也都能配合使用PRP注射。整形醫師黃文賢表示，目前PRP除了西醫上的應用之外，也會跟中醫進行結合，結合穴道治療觀念，將數千年的老祖宗智慧加上生物科技，發揮出極大效應，將PRP回春抗老及人體修復治癒的功能，透過注射加諸到適當穴位，雙重刺激下能放大治療成效，現在有越來越多治療效果獲得臨床驗證。

由於PRP自體細胞回春療法是採集自體的血液，並抽取其中富含高濃度血小板血漿部分，不是外來填充物或藥劑，所以不會產生排斥或過敏等問題，加上便利性、安全性高，是非常安全的手術。

目前PRP已經廣泛應用在國內及國外的醫學美容市場上，過去將血液經過離心之後，取出約四分之一左右的中層部分，就擁有高濃度的血小板。基本上，剛抽出來的全血中，血小板只有1%左右，但經過適當離心之後，血小板濃度可高達94%。PRP不是細胞治療，也非幹細胞治療，而是一種純粹生長因子治療，可以吸引幹細胞的群聚，造成修復、回春、抗老的一連串連鎖效應。雖然這種美容方式無須擔心被感染的風險，但有血液疾病及凝血功能障礙者仍不宜進行。

PRP自體細胞回春療法可刺激、更新表皮和真皮細胞，移除色素沉著、改善紋路、重新建構皮膚組織。手術簡單、安全有效，可改善皮膚老化各種問題，例如皺紋、皮膚鬆弛、凹洞、毛孔粗大、暗沉、色素沉著……等，其多項獨特優勢已被各界肯定。

　　在PRP療程中，勿服用過量的阿斯匹靈或維他命E，以免注射過程止血不易，導致出血量增加。注射後會有輕微紅腫，此為正常反應，數日後即會消失。術後可正常作息及上班。建議術後二十四小時內盡量不要有誇張的表情動作，二十四小時後可用生理食鹽水清潔，傷口較多者，可搭配消炎藥膏或藥物使用，請特別加強保濕及防晒，使用SPF30以上的防晒品。

12飛針療法

飛針是從微針滾輪演變而來的，最大作用就是引導膠原蛋白的增生。聽說埃及豔后利用一種由許多細小針製成的棒子輕刺皮膚，達到回春的功效。透過飛針握把上銳利的小針，在高頻率下運作，刺破表皮到達網狀真皮層。人體對於傷口的自然癒合反應就會刺激膠原蛋白的增生，回復年輕時的緊實與拉提。

飛針治療採用拋棄式針組，每組針組附有九根針，針組為0.5～2公釐可調針組。儀器握把運用高速馬達驅動，採用垂直進針、垂直退針、高速穿刺的動作。

與飛梭雷射相較，飛針療法的針可以到達2公釐，飛梭雷射最多只能到1公釐，因此飛針療法可治療到比較深層的問題，例如較深的皺紋與凹疤。同時，飛針療法術後比較沒有反黑的問題，而飛梭雷射可能會有少部分的人會反黑。另一方面，飛針療法沒有熱效應刺激膠原蛋白增生，而飛梭雷射因為有熱效應，刺激膠原蛋白增

生的效果比較強。

　　飛針術後的三十至六十分鐘，整個臉部會有燒灼感覺，並伴隨麻藥尚未消除的部分辛辣感覺。療程完畢時，臉上微紅乃正常現象，紅腫現象約數小時會退去，返家後仍可冰敷鎮靜，並需注重每日的防晒。

　　飛針治療後，身體自然完成重建的時間視年齡與個人體質差異而不同。第二次治療應在三至四週後，年紀較大的患者需一個月甚至更久，視情況而定。

術後注意事項

- 術後四小時內不要泡水，四小時後可以使用滅菌的紗布沾冰存的生理食鹽水，冰敷十至二十分鐘。當日可用冷水洗臉。
- 飛針療法不會在表面留下傷口或是造成疤痕，故於療程後隔天即可上妝。
- 術後一至兩天，皮膚有可能會長一些痘痘與粉刺，也會有輕微紅腫、癢，此屬正常。發癢時，請勿用手指抓，可以輕拍該部位來舒緩癢的感覺。如有輕微類似結痂情形，一般於三至五天左右會逐漸脫落，請勿自行摳抓。
- 一週內請勿使用較熱的水清洗臉部，嚴禁進三溫暖、烤箱、蒸氣室。
- 使用居家護理產品時，可能會有刺痛的感覺，建議使用溫和不刺激的美容保養品。同時，避免使用含刺激性成分的保養品，如果酸、酒精、香料、左旋C原液和去角質等保養品。
- 治療後，因為皮膚較容易變乾燥，皮膚角質有脫屑現象，建議此時加強保濕保養。

13 立體電波療法

立體電波療法能同時突破飛梭雷射和電波拉皮在治療上的限制，對於改善痘疤和拉提回春上有極好的療效，迅速成為2012年臺灣醫學美容的新潮流。

立體電波療法是結合飛梭雷射分段式治療、微針的微創傷口以及電波拉皮的能量，利用不同深度的微針電波探頭，在表皮層無熱傷害的狀況下，於治療區域將細小的微針自動擊發至真皮層中，微針尖端發出100萬赫茲雙極無線電波，可將能量有效傳導至皮膚深層，治療深度比飛梭雷射更深，可達到皮下3.5公釐以上，直接在真皮層刺激細胞重組及膠原蛋白新生，以增加治療的效度與速度，並將表皮熱傷害及術後修復期降到最低。

立體電波療法可以針對不同的治療部位，調整滲透深度，使其電波熱能滲透到不同皮膚深層，建立一排一排的微創傷口，並產生深層熱能。刺出的小孔剛好可以釋放多餘能量以避免熱灼傷，並可

將副作用如色素沉積降至最低。

　　立體電波療法不只有微針微創的再生原理，更擁有電波拉提的功效，可以強化皮膚抵抗力，使皮膚層增厚8％，進而喚醒皮膚細胞再生，除了可以改善因皮膚老化而顯現的熟齡凹洞痘疤、皺紋、毛孔粗大、色斑等皮膚問題，還可針對老化皮膚造成的臉形鬆弛、嘴邊肉、雙下巴、脖紋等症狀，進行拉提回春，塑造V型小臉的緊緻臉龐。同時，還有改善膚色不均、黑眼圈，以及減退妊娠紋、緊緻拉提、減輕皺紋，以及育髮重建等效果。

　　療程所需發數，將依病患個人情況給適當建議，單次從300～2,000發數不等，兩次療程間隔約需一個月的時間。由於此療法對表皮無熱傷害，所以術後紅腫比飛梭雷射治療不明顯，也沒有電波拉皮可能造成表皮燙傷的危險性，或需要等上數月的作用期。

　　目前立體電波療法有超過百名的治療案例，民眾在進行療程時也應注意操作醫師的經驗與技術，以免操作不當出現反效果。

術前注意事項
- 治療前後一週內，應停止使用去角質與A酸產品。

術後注意事項
- 治療後第一天開始可能會有微痂皮產生，應加強使用保濕產品，微痂皮會在五至七天內脫落。
- 治療後隔天可正常上妝及洗臉保養，但盡量不要化濃妝，以免造成皮膚傷害。
- 需加強防晒，防晒品係數應大於SPF25，並盡量避免曝晒於陽光底下。

· 一週內會有膚質粗糙的情形產生，請選擇溫和且無刺激的清潔產品輕揉擦拭臉部，不建議泡溫泉、蒸汽浴及三溫暖。
· 應配合停用抗凝血劑，並適度補充抗老化營養。

14身體雕塑療法

　　追求完美的體態，一直是愛美女性的夢想，幾乎每個女性都把減肥當作是一輩子的功課。不過，並不是一味的瘦身就是好看，如果瘦到胸部和屁股都平了，一點曲線也沒有，那就沒意思了。因此，要瘦得好看，身體曲線的雕塑就很重要。

　　在整形外科手術最常見的身體雕塑治療就是抽脂，不過抽脂要全身麻醉，風險較高，而且傷口恢復期長，並不是每個人都可以接受，所以有越來越多非侵入式（無傷口）的治療開始出現。

一・冷凍溶脂

　　2008年在美國上市，2011年才在臺灣上市。冷凍溶脂技術是採用4～5℃的低溫，利用脂肪內的三酸甘油脂不耐冷的特性，讓遇到低溫的脂肪受到破壞而產生細胞凋亡（Apoptosis），再經由身體自然代謝排出。其治療僅針對標靶脂肪細胞運作，不會對於周遭的神

經、肌肉等組織產生破壞或影響，不需以手術方式入侵體內，療程後可以立即投入正常生活。不過，此方式只適合用在皮下脂肪型的肥胖，對於內臟型肥胖者（如啤酒肚）並不適合，因此在做冷凍溶脂之前，還是需要由醫師評估。

　　此儀器透過精準的溫度監控，從體外針對皮下的脂肪細胞進行治療，例如：腰部、腹部、背部等部位的脂肪。治療當下，會使脂肪細胞內的脂質產生結晶化變性；治療後三至五天，變性的脂肪細胞會啟動細胞凋亡，開始緩慢分解，並在兩週後到達高峰。之後，凋亡的脂肪細胞將由淋巴系統自然代謝，代謝過程如同飲食所攝取的油脂代謝途徑，大約要耗時二至三個月左右的時間才能完全代謝掉。不過，冷凍溶脂只是針對脂肪的破壞和減少，對於皮膚的緊實及膠原蛋白的刺激並無效果，因此建議做完冷凍溶脂後，可再進行皮膚緊實的局部雕塑。

療程特色

　　非侵入性、非手術、無修護期、安全舒適，過程中幾乎沒有疼痛感。療程簡單安全，不需請假休養，可立即恢復正常生活。雖然是安全性較高的方式，但還是有其副作用和不適應症。

不適應症

- 內臟型肥胖者。
- 冷沉球蛋白血症。
- 突發冷誘發性血尿。
- 對冷過敏之蕁麻疹。
- 末梢循環有受損的區域。
- 雷諾氏症（Raynaud's Disease）。

- 懷孕。
- 疤痕組織，及治療區域有濕疹與皮膚炎者。
- 皮膚知覺有受損的區域。
- 開放式或已感染的傷口。
- 最近曾流血或出血的區域。
- 裝有主動植入式醫材病人，如心臟節律器、心臟去顫器。

副作用
- 治療過程覺得不舒服，應當下告知醫師，由醫師調整。
- 會有暫時性感覺麻木。
- 瘀青、紅腫大部分會在療程後二至五天恢復。
- 疼痛和刺痛感可能會持續二至四週。
- 極度疼痛、皮膚感覺遲緩及皮膚顏色改變的發生率極低。若有，會在幾週內自動恢復。

二・LPG纖體雕塑

　　LPG纖體雕塑儀器是第一臺通過美國食品藥物管理局核可用於治療橘皮組織的儀器，經實驗證實可以加速血液和淋巴循環、促進脂肪分解、減少脂肪囤積，達到纖體雕塑的效果。以專利動力輪軸設計，利用正負壓結合吸力及推力，合併搭配三百多種力道及手法，可將組織摺疊為不同的形狀而給予不同的刺激，按摩效果可深達表皮、皮下組織及肌肉脂肪。

　　其運作方式可分為三種，第一種為「向外推出」（Roll Out），可刺激纖維母細胞強化膠原蛋白及彈力纖維的網狀結構，使皮膚緊緻有彈力。第二種為「向內捲入」（Roll In），可刺激脂

肪細胞分解並代謝，達到纖體效果。第三種為「向上捲起」（Roll Up），可重新整理脂肪分布，並展延纖維中隔，以改善線條曲線。

　　LPG藉由物理特性變化，利用探頭吸附皮膚表面之轉動方向和速度快慢，造成不同的韻律變化，可針對淋巴、血液循環及脂肪代謝達到持續性的改善。除了應用於身體外，還可用在臉部，使皮膚緊緻，恢復平滑彈性，氣色更佳。另外，男性朋友也可以利用LPG來雕塑身材，改善腰間贅肉、胸部肌肉鬆弛等問題。

　　LPG雖是安全的體外療程，仍需先經過醫師諮詢評估，為個人安排適合的療程天數。身上有傷口、發炎或是血栓者，癌症患者及孕婦，或是剛剛動過手術者，較不適合，都應先告知。此外，正在服用藥物者也應向醫師詢問，尤其是抗凝血藥物。每次治療前都應避免身上塗抹乳液或精油，臉部課程則應先清潔卸妝；同時，避免用餐後一小時內接受療程。

　　LPG療程主要是針對曲線雕塑，雖能加速脂肪分解，但若要達到減重的效果，還需搭配飲食控制和運動，可達到全身性的活化細胞及保健功能。

三・電波塑身

　　電波拉皮除了常被拿來改善臉部和脖子的緊實度外，在身體上的效用同樣非常顯著，「塑身」也是電波拉皮的治療功能之一。其原理和臉部的電波拉皮完全相同，一樣是透過無線電射頻的能量，使真皮層及皮下組織的膠原蛋白受熱收縮，產生再生與重組的效果，進而緊緻膚質，達到類似拉皮的效果。只是身體所使用的探頭

較大，是16平方公分的身體探頭。和臉部的電波拉皮相同，如果能量過高或操作不當，一樣可能產生燙傷皮膚的風險，因此找有經驗的專業醫師操作會比較保險。

　　不要認為花了錢就一定要打高能量，因為每個人身體的電阻和皮下脂肪的厚度不一樣，適合的能量也不同，勉強打高能量可能燙傷並導致色素沉澱，得不償失，還是由醫師為你調整適合的能量比較安全。治療的不適應症和注意事項，則和臉部電波相同，每次治療可維持一至兩年的效果。

　　電波塑身常用來緊實下垂或鬆垮的手臂、緊緻大腿和臀部皮膚。產後雕塑的效果也深受許多人信賴，在使產後肚皮緊實、淡化皮膚紋理等方面的效用非常明顯。因此，想要塑造迷人腰線、緊實肚皮確實可以進行電波塑身療程。不過如果是明顯肥胖、皮下脂肪多的人，建議先做冷凍溶脂或抽脂後，再用電波緊實局部，效果才會更好。

四・名模馬甲（Reaction）4D電波美體治療

　　根據臨床實驗顯示，脂肪細胞暴露於43～45°C的溫度十五分鐘後，會於九天內產生延遲壞死反應。利用此加熱治療的原理所開發出來的名模馬甲4D電波美體治療，採用CORE™ 多通道電波優化科技，利用電波加熱深層組織，使治療部位達到39～42°C（真皮層內的溫度會比表皮的39～42°C高，剛好在臨床實驗的43～45°C有效範圍內）。此機臺本身有三種不同的電波頻率：「2.45兆赫針對淺層皮膚」、「1.7兆赫針對中層皮膚」、「0.8兆赫針對深層皮膚」，還可以混合三種不同頻率模式。

名模馬甲4D電波美體治療，主要是以電波的熱效應搭配真空吸力對血管和組織作用。真空吸力能促進血液循環和新陳代謝，增加淋巴排水，切斷膠原蛋白組織，使其在四十八小時後開始自動修復，再生膠原蛋白。熱效應則可刺激膠原蛋白增生、緊實皮膚，並減少脂肪細胞。這樣的深層按摩，對於改善水腫與橘皮組織特別有效果，尤其做過冷凍溶脂或是抽脂手術，治療部位有凹凸不平感，曲線不平滑的人，更適合用名模馬甲進行局部雕塑。屬於非侵入式治療，完全不影響工作與生活作息，術後只需要注意水分的補充，並塗抹乳液避免皮膚太過乾燥就可以了。

適應症

　　改善橘皮組織、雕塑體形、提高血液循環、改善皮膚紋理、緊緻皮膚、改善淋巴液累積造成的水腫、改善抽脂手術後不規則的脂肪組織。

不適應症

　　懷孕、糖尿病患者，治療部位有皮膚疾病、使用抗凝血劑或有凝血功能障礙、曾有深層靜脈栓塞，或裝有金屬植入物、心律調整器、去顫器者，不適合此治療。

建議療程

身體雕塑	緊緻皮膚
療程：六至八次 間隔：一週一次 治療時間：十五至二十五分鐘 維持：三至四個月一次	療程：三至六次 間隔：二至三週一次 治療時間：十五至三十分鐘 維持：三至六個月一次

五・薇拉芭比（Vela Shape）纖體儀

　　薇拉芭比纖體儀是由全球最大生產雷射和光電類醫療美容設備的大型跨國公司Syneron所研發製造，全系列皆通過美國食品藥物管理局認證，為安全、快速、有效的體雕機種。它是利用動力輪軸扭脂來瓦解橘皮組織，使頑固硬化的組織漸漸轉為鬆軟，再經由人體自身的代謝排出。五種模式可一一擊退水腫型、虛胖型、肌肉型、肥胖型、循環不良型，運用頻率與輪軸方向不同，交叉模式共同作用，達到全方位多功效。

　　薇拉芭比的探頭總共有四大專利：

　　1.雙極電波（Bipolar radiofrequency）：運用雙極電波加熱至皮下脂肪層2~20公釐。加熱皮下組織跟真皮層的效果，是可以讓溫度提升，除了促進新陳代謝跟血液循環之外，還能刺激膠原蛋白增生跟收縮，做完後皮膚會變得緊緻光滑，且血液循環變好的話，細胞含氧量也會提升。

　　2.負壓吸力：負壓吸力就是銀色兩邊滾輪利用負壓力把肉吸起，可以讓被吸起來的皮膚受熱、受電波能量更均勻深層，RF（Radio Frequency）的穿透更深層，並且可以讓血管膨脹，加強血液流通。這種治療方式可以讓身體多餘水分由淋巴腺排出去，改善水腫體質。

　　3.紅外線（IR）：最寬紅外光波長700～2,000奈米，加熱至皮膚深度5公釐（達真皮層），可增加膠原蛋白與緊緻皮膚，加強血液循環。

　　4.機械式滾輪：透過滾輪按摩，能改善水腫，使細胞間的水分

排向淋巴。

名模馬甲和薇拉芭比的效果很類似，只是名模馬甲擁有能量和頻率的專利，其電波熱效應溫度可讓脂肪壞死，對於脂肪的減少有顯著效果。而薇拉芭比對於脂肪的減少則無明顯功效，不過對於皮膚的緊實、局部雕塑都有不錯的功效。

適應症

改善橘皮組織、雕塑體形，促進血液及淋巴循環、改善皮膚紋理、緊實皮膚。

不適應症

懷孕、糖尿病患者，治療部位有皮膚疾病、使用抗凝血劑或有凝血功能障礙、曾有深層靜脈栓塞，或裝有金屬植入物、心律調整器、去顫器者，不適合此治療。

Part 3

如何選擇適合的
微整形療程

美化外表

預算多寡

修復期長短

尋求專業的諮詢意見

術後居家保養

根據美國美容整形醫學會（American Society for Aesthetic Plastic Surgery, ASAPS）的資料顯示，包含光療美容在內的微整形類美容已由1997年的54%成長至2008年的83%。在臺灣，以熟齡人口為例，因退休年齡延後，許多人對於老化的焦慮與外貌的要求，已不再僅限於過去依賴保養品維持及化妝品修飾，許多女性將微整形視為「固定化妝術」，可說是目前職場上的時尚潮流。

　　醫學美容療程基本上可分為外科整形手術及非侵入性微整形。微整形的主要作用在於除皺、除斑和小規模的填補，效果非永久；整形外科雖能更顯著的達到永久變臉之效果，但風險較高，若不滿意，其修整補救過程也相對較冗長及複雜。

　　曾有人提出：「三七最佳保養法則。」就是將預算的七成進行醫學美容療程，三成用在一般保養品，掌握定期定量的概念，當皮膚透過專業的醫學美容技術維護保養到一定程度，就能享受膚質不受歲月痕跡侵擾，漸入佳境的甜美果實。

　　醫學美容技術日新月異，當皮膚的基礎打好，如果還想要除斑、解決臉部凹陷或是輪廓問題，就可以進一步規劃。在醫學美容項目中，無論是雷射、注射或填充，都有堆疊性，也就是做的次數越多，就能維持更久。以電波拉皮為例，第一年進行四至五次療

程，第二年開始就可以逐年遞減，而且越早開始進行醫學美容保養，往後會產生的膚質問題相對較少，長遠來看，越早將錢花在刀口上，也能避免未來可能花上更多錢、效果卻有限的遺憾。

　　微整形療程是許多人快速變美的好幫手，但是市面上的微整形療程那麼多，到底該怎麼選擇適合自己的療程呢？大多數的人希望使用微整形療程改善的部位，通常為隆鼻、墊下巴、臉部填充、除紋、緊緻等，到底該如何針對自己應該要改善的部位做安全又合適的微調呢？以下分析常見的微整形療程，讓民眾在心動之後、行動之前，對微整形療程有更進一步的認識。

美化外表

　　淨膚雷射、脈衝光、飛梭雷射、電波拉皮、光波拉皮等，這麼多種雷射儀器，究竟哪種適合自己呢？建議要讓專業醫師評估個人膚質差異、症狀問題，以及皮膚的耐受度等，再選擇適合的雷射儀器，並依據個人膚質狀況調整最佳能量後再進行療程。一般來說，使用複合式飛梭雷射加上淨膚雷射，可以產生多重療效，亦可縮短時間和次數。

　　近期最常被諮詢到的微整形療程是飛梭雷射、脈衝光、淨膚雷射。當雷射光破壞皮膚後，能藉由細胞新生、重組，達到除皺、除斑、除疤效果，非常適合治療皺紋、色素斑、痘疤。脈衝光對臉部除皺、除斑、對抗青春痘，都有不錯的療效，而其除毛的療效也和雷射除毛齊鼓相當，已成為女性除毛的熱門選項。

　　部分雷射療程後，因個人體質或保養不當而造成術後反黑現象，或者想以複合式治療，使得皮膚更快恢復，則可以用杏仁酸來治療。杏仁酸換膚比一般果酸換膚溫和不刺激，對於縮小毛孔、減少粉刺及改善皮膚粗糙暗沉都有很好的效果。

　　此外，淨膚雷射的目的在於可刺激膠原增生，使深層皮膚亮白、緊緻，改善膚質，並且淡化色素。而飛梭雷射可以改善痘疤、凹洞、毛孔粗大及皮膚鬆弛的情形，並縮小毛孔。但是飛梭雷射治

療後，局部會有紅腫反應，若再搭配淨膚雷射，不僅使療效更好，也可以縮短療程次數。若考量恢復期問題，想改善膚質者，則可以透過杏仁酸換膚或是美白點滴，使膚質得到改善。

如果想打造立體瓜子臉，可以透過玻尿酸或是微晶瓷（晶亮瓷）達到隆鼻、墊下巴或是豐頰等效果，進而改善臉形線條及立體感。目前，玻尿酸以及微晶瓷（晶亮瓷）都是很安全的療程，民眾可以在與醫師溝通後，選擇最佳療程。

一般來說，保養品大致僅能緩解皮膚缺水的問題，對於毛孔粗大、皮膚鬆弛或靜態細紋等問題，就非保養品能夠解決，不妨藉由淨膚雷射、脈衝光或是飛梭雷射等醫學美容得到較好的療效。

預算多寡

　　近來，有許多透過媒體及他人分享注射美容的成功案例，促使主打醫學美容的診所如雨後春筍般出現，這股醫學美容潮流讓消費者躍躍欲試，但是做微整形時，最重要的關鍵是什麼？大部分網友最常詢問，也最關心的是價格，但事實上，進行微整形要有「寧缺勿濫」的決心。不要因為手頭預算有限，就隨便找特別便宜的地方，也不要因為預算無上限，在臉上多做了自己完全不需要的療程，這樣反而會失去自然的美感，讓表情變得太怪異。

　　做微整形，不是在市場買菜，若是純粹比較單價，很容易失去目標。微整形前的諮詢重點，應該放在怎麼因應個人目的，用最少的治療達到最佳的改善效果。

　　若預算有限時，應先處理老化的問題，之後，行有餘力再來考慮局部加強，寧可因為這次做得太少，不夠下次再補，也不要一次做得過頭，這就是「寧缺勿濫」的原則。因為，不夠再補很容易，做過頭的處理，卻是困難的事情。

　　俗話說：「沒有醜女人，只有懶女人。」也許粉領族無法一次就花數萬元進行醫學美容保養，卻可以運用定期定額的觀念，每月撥出3,000元，累積半年至一年就可以為自己購買合適的醫學美容療程，透過循序漸進的方式為自己儲存美麗。

若是三十至四十歲、已有一定程度積蓄的熟女，則是最適合投入醫學美容領域的時機。

　　若將醫學美容簡單分為微整形注射及雷射光療兩部分。前者包括玻尿酸及肉毒桿菌素，分別有保水或緊實的功能；後者則可選擇淨膚雷射及脈衝光等。若使用低劑量雷射，甚至可以一至兩個月進行一次療程，來維持皮膚凍齡，這類保養式的醫學美容已悄悄成為新世代的新趨勢。

修復期長短

術後可立即出門，無需恢復期的微整形手術有以下幾種：

(1) 玻尿酸：撫平凹陷，快速恢復皮膚彈性及光澤

就外觀來說，臉部線條太過明顯會使得整個人看起來較為苛刻、不易親近，自然也會影響到別人對自身的好感度，所以許多女性為了改善臉部凹陷的問題，會使用玻尿酸注射填補，來雕塑不夠飽滿的臉部線條。玻尿酸的注射基本上視個人體質而定，可以維持至少半年的效果。

· 適應症：解決各式皮膚鬆弛問題。
· 恢復期：術後可立即出門，無需恢復期。

(2) 微晶瓷（晶亮瓷）：精雕細琢訂製亮眼五官

注射微晶瓷（晶亮瓷）來為鼻子或下巴輪廓塑形，能提供一個立即可見的效果，完全沒有疤痕，幾乎無瘀青或術後腫脹，術後效果視個人體質而定，約可維持兩年。

· 適應症：改善鼻樑、山根、下巴。
· 恢復期：術後可立即出門，無需恢復期。

(3)肉毒桿菌素：除皺緊緻，讓細紋消失。

　　肉毒桿菌素注射通常被用來改善魚尾紋、抬頭紋、法令紋以及眉間細紋。年屆熟齡的女性一旦開始老化，表現最為明顯的部位就是在臉部細紋上，當臉部出現細紋時，不僅會使得自己看起來沒有精神，更會顯得老態畢露，此時，使用肉毒桿菌素的注射撫紋可以有效改善紋路。

　　以前，拉皮手術是祛除臉上皺紋的唯一方法，但現在用肉毒桿菌素注射即可消除皺紋，也可預防普見於年輕人的臉部細紋進一步惡化成更深的皺紋。

　　施打肉毒桿菌素，因為傷口小（幾乎沒有傷口）、復原快，因此，比較沒有術後保養的問題。臨床研究證明，持續治療的效果會隨著治療次數而延長，因此，將來需注射的次數可相對地減少。

　　但是，為了避免注射肉毒桿菌素後臉部表情顯得僵硬，應慎選專業醫師操作療程。靠著專業醫師視細紋的分布以及形式，調整適當的劑量打法，才可以在撫平細紋之餘，臉部表情不至於顯得僵硬。

・適應症：消除臉部動態紋、頸紋，瘦臉、修飾眉形，消除蘿蔔腿、治療多汗症。
・恢復期：術後可立即出門，無需恢復期。

尋求專業的諮詢意見

　　透過保養品只能減少皮膚脫水困擾，而對於毛孔粗大、痘疤、細紋以及沒有彈性等煩惱，是沒辦法單靠保養品改善的。因此，肉毒桿菌素注射、玻尿酸注射、雷射美容、脈衝光等，都是目前大受歡迎的療程。三十歲以上的年齡層對於臉部的皺紋或細紋會越來越在意，因此在施打肉毒桿菌的比率上，將成為微整形項目的第一名，而三十歲以下則以雷射除毛的項目為第一優先。

　　如何選擇適合自己的療程？建議欲整形的民眾，依據自己的皮膚狀況、可動用的預算與個人期待，與醫師做詳細討論，並由醫師將各療程做適當搭配，找出最適合自己的療程，才能打造出符合需求的完美臉龐。

　　在做任何整形手術之前，一定要檢視以下四項：

1. 技術是否精緻細膩。
2. 醫師經驗是否成熟豐富。
3. 術前是否有完整檢查。
4. 術後是否有完善追蹤機制。

以下則是幾種可能的療程建議：

(1) 飛梭雷射＋淨膚雷射

　　民眾常希望藉醫學美容改善皮膚的煩惱，例如皮膚粗糙、痘疤、凹洞，縮小毛孔、消除斑點及斑塊等狀況。但是飛梭雷射治療後，全臉會有紅腫反應，而淨膚雷射的目標在於刺激膠原蛋白增生，使深層皮膚亮白、緊緻，能改進膚質並淡化色素。這時就可以嘗試飛梭雷射加上淨膚雷射的複合式雷射療程，能使療效更好，也可以縮短療程次數。

(2) 玻尿酸＋電波拉皮

　　希望改善皺紋的女性們，可以透過玻尿酸搭配電波拉皮來改善。先以玻尿酸填補法令紋、淚溝等靜態紋及凹陷後，再用肉毒桿菌素的注射改善抬頭紋等動態皺紋，最後透過電波拉皮來達到除皺及緊緻目的。

(3) 微晶瓷（晶亮瓷）隆鼻＋肉毒桿菌素

　　不少東方女性都希望擁有高挺的鼻形以及纖細的小V臉，便可以透過微晶瓷（晶亮瓷）隆鼻搭配肉毒桿菌素瘦臉，就可達到安全又有效的療效。

(4) 脈衝光＋美白針

　　定期施打脈衝光來保養，可改善膚質，達到縮小毛孔、減少細紋等療效。若是想透過非雷射類醫學美容療程，即可以試試杏仁酸換膚或是美白針，都有不錯的效果。

術後居家保養

　　臺灣每年約有七十萬人進行微整形美容，整體市值高達四十億臺幣，愛美需求擺脫景氣因素不降反升，微整形美容變成了保養新概念。在接受肉毒桿菌素注射、脈衝光、果酸換膚等微整形美容療程之後，必須結合完善的居家保養對策，才能讓微整形的美容功效得以延續。

　　微整形的術後保養很重要，有些失敗案例都是受治療者在術後沒有遵循醫師指示、照顧不當等因素，而造成失敗，使得效果不如預期。除了術前要找個能溝通的醫師，多溝通了解彼此的需求，以降低術後的失敗機率；而術後也要聽從醫師的指示，注重保濕、防晒。

醫師觀點

　　微整形醫師所提供的服務屬於醫療行為，從初次的諮詢到治療課程，醫師都會從整體觀點協助客人。一名專業的醫師，基本上要顧及客人達到外表的美化以及內在的健康等兩方面的需求。

- 外表的美化：皮膚的狀況達到改善後，客人在職場上也能自我感覺到自信、舒適。
- 內在的健康：藉由外表的美化，客人也會開始重視自己的身體健康狀況了。

　　這幾年，亞洲掀起了愛美的風潮，醫學美容成為大家最常討論的話題，再加上明星藝人於電視節目上宣傳的推波助瀾，也讓消費者越來越能接受醫學美容。因為如此，坊間有越來越多的業者加入醫學美容的領域，也造成醫學美容診所的品質參差不齊。

　　其實目前坊間最常發生的市場亂象，就是連美容院、SPA沙龍、一般護膚坊也都打著「醫學美容」的招牌攬客，但操作療程的

人員不見得擁有合格的操作資格，選擇這樣的單位進行醫學美容療程，除了白費時間，可能無法達到預期效果與賠上錢包之外，甚至會有傷害皮膚的風險。

此外，市面上有些醫學美容診所，標榜自己提供最新、效果最好的儀器，同時抨擊同業的儀器老舊，但真相是其利用更舊的雷射機型重新包裝改名，以此欺騙消費者。消費者不容易判斷何者才是使用舊款儀器卻號稱最新儀器的黑心診所，所以在選擇雷射療程時，千萬要格外小心，切勿掉落不肖醫學美容業者的陷阱裡。

在價錢競爭方面，坊間有許多醫學美容診所提供雷射美容體驗價的低價促銷手法，但真相是，從硬體、軟體、護士、醫師技術……等等，都有業者必須負擔的合理成本。例如，雷射儀器裡的閃光燈是能量來源，一般都需要一年左右更換一次，雷射美容療程生意好的診所則是半年換一次。提供價格低於市價過多的雷射美容療程之診所，為了減少成本，不可能定期更換閃光燈，這麼一來，施打雷射的成效也會跟著大打折扣。

這些用低價吸引患者的診所，都是在消費者購買了幾種療程後，再提供低價的雷射美容促銷體驗。既然設備並非正規，效果自然無法如消費者所預期。

此外，醫師施打雷射的技術、時間和發數不足，也會造成施打雷射後無明顯感受到差異的結果。

建議消費者要慎選優質專業的醫學美容診所，尋找使用標準化流程規範施打時間、施打能量和施打方式的療程，讓雷射能量能平均且穩定的施打在全臉，使膠原蛋白增生的效果更為明顯，以此確

保每次施打雷射後的效果，也確保美麗沒有後顧之憂。

　　醫學美容療程術前術後的保養，與療程是否成功有絕對的關係，在此再次強調術後的保養原則：

1. 徹底防晒，避免反黑

　　術後一週是影響效果的關鍵期，除了保濕外，應避免長時間戶外活動，外出時使用的防晒品係數至少要SPF30以上，防止紫外線造成二度傷害，出現敏感及反黑情況。

2. 勿擦酸類保養品

　　進行雷射、光療美容後，皮膚較脆弱，不可使用含果酸、A酸等酸性成分的保養品，以免紅腫嚴重。在術後二至三天，敏感狀態緩和後，可擦含生長因子、艾地苯等成分的保養品，以加強修護力。

3. 忌食酒類辛辣食物

　　酒類及辛辣食物會讓皮膚的微血管擴張，延緩紅腫及傷口恢復的時間，在術後一週內一定要忌口。另外，可多吃豬腳筋等含膠質的食物，補充膠原蛋白。

醫學美容業者立場

　　近五十歲的好萊塢男星湯姆克魯斯在螢幕上越來越容光煥發，甚至比過去的外表形象還要年輕許多，媒體推估他藉玻尿酸、3D聚左旋乳酸等微整形療程回春。3D聚左旋乳酸用以刺激膠原蛋白增生，來改善鬆弛、凹陷及紋路，術後三個月即有明顯效果。男性老化時，多從骨架變形、下垂等開始，可選擇注射於皮膚較深層的3D聚左旋乳酸、微晶瓷（晶亮瓷）來雕塑臉部輪廓，或用電波拉皮改善鬆弛，細部紋路則以肉毒桿菌素、玻尿酸等注射物來淡化。事實上，在臺灣，四十歲以上的熟男也越來越愛美，微整形求診人數每年約增加一至兩成。

　　在醫學美容科技如此發達的現代，肉毒桿菌素、玻尿酸、雷射、微晶瓷（晶亮瓷）、微針滾輪等，各種名目的微整形療程，其目的都是為了讓皮膚更加水嗵嗵，獲得理想的變美效果。部分消費者為求方便，前往坊間的美容護膚中心進行換膚而意外傷害了皮膚的事件時有所聞，原因不外乎是護膚中心或美容機構的專業人員經

驗不足，有些是使用的化學成分濃度過高，有些則是選用單一護膚方法，並未針對不同體質的患者進行療程調整，才會導致意外。

其實，每個人的體質不同，選用療程時，當然也需因人而異；相對的，每一種療程也都有優缺點，若能截長補短，當然能收到最好的效果。以雷射、脈衝光為例，雷射後會有傷口，所以需七至十四天的癒合期；脈衝光較為溫和，但需要多次治療。還有目前流行的果酸、杏仁酸，可以去角質，但若搭配蔓越梅酵素或左旋A醇煥膚，效果絕對會比單獨使用更好。想得到更好的療效，已不僅是單一療程可以做得到，在許多案例中，醫師都必須靈活地應用複合式療程，為病人量身打造出更多元、更適合個人的治療法，以達到期待的結果。

這種複合式療程可以說是新一代的護膚寵兒，醫師能依個人的皮膚狀況、接受度、預算和日常生活情況來做調整，並將風險降至最低，達到整體性的改善皮膚效果。

不管進行任何保養或療程，皮膚都需要經過一段時間的恢復期，大部分愛美人士的臉上都不會只有一種問題，老化、斑點和鬆弛常同時發生。在正確的診斷老化問題後，可以皮膚安全為前提，讓經驗豐富的醫學美容醫師安排在不同的病兆上，施以不同的治療，讓皮膚恢復的過程能夠同步，以達到較好的效果。

舉例來說，除了做美白類的光療外，還可以配合血管雷射、飛梭雷射等複合式療程，若再加上術後的保濕導入，以減少過度發炎反應，或加以美白點滴，並輔以合適的雷射術後保養品，都能讓皮膚得到更好的恢復效果。目前消費者對於這種包套式雷射療程的接受度頗高，也滿意施作的整體效果。

微整形逆齡之鑰

許多熟齡女性，因為生活習慣不佳，常熬夜喝咖啡，平日也沒做好保濕與防晒，日子久了，皺紋漸漸浮現，也出現了皮膚鬆弛的現象。

　　除了傳統的動刀拉皮手術外，電波拉皮和肉毒桿菌素注射可以稱得上是目前十分常見的拉提除皺療程。電波拉皮是作用在真皮層，讓皮膚短期內有收縮效果，並達到長期增生膠原蛋白的目的，治療後約兩個月後就能看出成效。而肉毒桿菌素主要作用在肌肉層，一般是以肉毒桿菌素阻斷臉部向下拉的肌肉，讓原本往上及往下拉的肌肉力量不平衡，產生向上提拉的療效。

　　以往愛漂亮的女性多會選擇電波拉皮或是肉毒桿菌素注射的單獨治療，而將兩者一起搭配做複合式療程的人不多。但這樣的治療組合能由下往上，達到多層皮膚提拉，從真皮層到肌肉層都能發揮效果，整體拉提效果更為明顯，效果更持久。約十二個月後，由微整形醫師複診，視狀況給與適當的肉毒桿菌素補打，即可維持療效。

　　一般來說，五十歲前的膠原蛋白自生與重塑的功能良好，接受電波拉皮療程即可以讓皮膚恢復青春緊緻，一旦超齡，則建議透過複合式療程，達到雙乘療效，才能明顯對抗皮膚老化。

　　其他可維持年輕皮膚的常見療程，還有飛梭雷射、玻尿酸、脈衝光、淨膚雷射等等。也有不少民眾會透過杏仁酸達到膚質改善，或透過美白點滴達到排毒美白功效。其中又以飛梭雷射和淨膚雷射，不分年齡層，廣受民眾喜愛。淨膚雷射以雷射除斑療效最值得推崇。而微晶瓷（晶亮瓷）則因隆鼻以及墊下巴效果佳，使得微晶瓷（晶亮瓷）成為近幾年在隆鼻選項中，比玻尿酸更為熱門的選

項。

　　不過這種複合式療程，更需要有經驗且對儀器效能非常熟悉的醫師，方能掌握療程的設計與進度，因此民眾必須慎選醫學美容診所，以免皮膚因為過度或不當的進行醫美療程，反而造成更難收拾的局面。

Point

打造電眼美人

- 眼睛抗老護理
  隨著年齡增加，自然老化再加上習慣長期性眨眼睛，會造成眼周膠原蛋白及彈力纖維素不斷流失，出現眼皮鬆弛、眼周容易乾燥及形成老化皺紋等現象。

- 眼部生活保養
  (1)除皺精華液：可補充眼周的保濕度，改善乾燥缺水，細紋等效果。
  (2)眼霜：可滋潤皮膚，塗抹時輕輕按摩，可增加眼部循環、促進吸收，達到保濕、改善眼周細紋的效果。
  (3)眼膜：效果跟面膜一樣，可提供眼周需要的滋養精華，讓眼部皮膚緊緻，保水度更佳。

- 醫療護理
  (1)肉毒桿菌：可用來消除動態紋，使肌肉放鬆，撫平皺紋，效果顯著。
  (2)眼周電波：利用真皮層膠原蛋白在攝氏60～70度下會立即收縮的特性，達到讓眼周的鬆弛皮膚局部緊實的效果。

消費者的期望

　　男性與女性的微整形目的差別在哪裡？以整體美感訴求而言，男性以英挺威武為終極目標，女性則多半要求豐潤飽滿。反應在整形的項目上，正是所謂的「TV拉提術」，意即男生著重T字部位的改造，包括天庭飽滿、鼻子高挺、下巴寬厚，形塑立體感，此亦被稱為「型男三角」；一名男性業務員便在全臉注射約10c.c.的玻尿酸，調整鼻山根、太陽穴、法令紋、蘋果肌等部位後，自覺變得有自信。而女性的微整形則較為幅員廣闊，以V型臉、尖下巴、俏鼻子為主。

　　此外，不同年齡層熱衷的微整形療程也大不相同，以女性消費者為例，二十至二十五歲的學生族群，礙於經濟考量，多半將微整重點放在成效立見的山根與唇形調整；三十至四十歲的輕熟女，則大多選擇能夠一次解決臉部老化問題的全臉雕塑療程，像是淚溝、法令紋和蘋果肌，一直高居微整形排行榜前三名；四十至四十五歲的資深熟女，也大膽嘗試玻尿酸緊緻拉提與保水回春等進階療程，

不用大刀闊斧，一樣能夠重回青春行列。

目前臺灣的微整形市場已邁入成熟期，醫師的手法、技巧相較於其他國家更為熟練與精緻，民眾也越來越能接受用微整形的方式來積極保養臉部皮膚。

大部分民眾諮詢的療程多以快速安全的微整形為主，如肉毒桿菌素、膠原蛋白、玻尿酸注射為主，其他還有如眼袋割除、雙眼皮手術等均受歡迎。而非侵入性治療、約一至兩小時即可完成、恢復期短等，都是民眾諮詢療程時的首要條件。

但是在了解各種療程及其適應症的同時，難免會掉入執著於局部、單一療法的迷思，有研究證實，單一療法多半只能達到六至七成的滿意度；然而複合式療法，即醫師依照病人個別需求，所量身打造、靈活運用的組合式療程，更能提高理想的變美效果。基本上，影響療程效果最為關鍵的兩大因素，即為術前溝通是否清楚與醫師個人經驗技術。

⊙術前溝通明確

複合式療程是針對個人整體狀況而量身打造的多元治療方式，因此，在術前與醫師充分溝通，對於本身狀況的了解、是否接受醫師建議的療程等問題達到共識後，可提高術後滿意度。除此之外，唐豪悅醫師提醒：「病人應告知醫師病史和膚質狀況，因為微整形是一種醫療行為，應該以安全為首要考量，其次才是療效，如果未經了解而草率進行療程，可能有急性疼痛、瘀青等反應，慢性則可能發生感染、肉芽等問題。」

⊙醫師經驗與技術

有經驗的專業醫師，才能精準地評估患者的整體需求，並依皮膚和肌肉的解剖位置和特性，靈活運用各種治療方式的優點，搭配出最佳的療程組合。

以玻尿酸為例，其單價並不便宜，不同分子的價格各異，1c.c.約在二至三萬元，如果想要更有經濟效益，與醫師諮詢討論後，不妨嘗試新的注射方法。像是困擾許多東方女性的法令紋，就可以採用國外引進的蕨狀注射，以較淺的角度，垂直於需填補的紋路，連續施打10～15針的中分子玻尿酸，讓玻尿酸以蕨葉的形狀支撐凹陷紋路。有別於以往打得深、劑量多的施打技法，新式的蕨狀注射不但能夠改善動態紋路，更可以節省荷包；傳統注射法可能需要2～3c.c.的劑量，但蕨葉狀注射只需1.5～2c.c.，費用相對精省。

Point

隨著時代越來越進步，想要讓自己保持永遠青春、美麗又抗老，必須注意日常的保濕、防曬及生活作息，才能有效達到凍齡效果。

（資料來源：韓風整形外科診所）

日常生活保養

醫學美容是皮膚科醫師利用專業的儀器幫受治療者抗老回春，術後療護或平日保養更為重要，消費者在療程之後的基本保養習慣以及使用的保養品種類、使用方法，都是常保青春美貌的關鍵。

單純依靠醫學美容療程重返青春是有限度的，但只要平日做足防曬、及早抗老化，民眾仍可以在該年齡展現最佳樣貌。

臉部皮膚每天承受上千次的內在擠壓及拉扯，會在真皮層形成許多微小創傷，直到細胞修復力衰竭，便逐漸老化。適度使用天然礦物的微量元素，能補給皮膚活化代謝所需的營養能量，達到賦活保濕和自癒修護的目標。基本上，還是要選擇成分單純、溫和，功效明確，可適用於過敏性皮膚，或是美容療程及雷射術後平日保養之用的保養品。

進行美容療程及雷射術後，可使用「醫學美容保養品」強化平日的保養工作，因其有較高而有效的濃度，所以在保養的同時，也

能改善皮膚問題。

不過，民眾在使用醫美保養品時，最好能遵照專業人員的指導，同時注意使用的週期與步驟，才能避免使用錯誤，反而刺激到皮膚，產生副作用。不管使用何種保養品（開架、專櫃、醫學美容，還是藥品），如果皮膚出現問題，建議還是要找醫師診治，畢竟皮膚發出的求救訊號，只有醫師才能正確診斷治療。

除了自行居家保養，目前市場上所提供的美容場所如下：

醫學美容診所

醫學美容診所提供專業、專科的醫療服務。診所負責人必須要有醫師執照；診所內提供醫療等級的儀器，由專業的醫師執行醫療業務行為，針劑的注射也是由醫師親自執行。

美容沙龍

可以提供的服務，包括臉部保養（清粉刺、護膚、導入、去角質）、睫毛的處理。

SPA會館

可以提供的服務，包括身體保養、舒壓按摩，所使用的精油有基底油、礦物油、植物精油等。

業者在評估客人的需求時，常常會出現的狀況就是強力宣傳自己提供的建議，認為自家儀器、療程和產品都是最好的。換個角度來看業者，其實三方的整合可以創造出三贏局面。這話怎麼說呢？一顆種子要開花結果的三大必要元素是什麼？就是陽光、水及空氣。所以，皮膚可以先藉由美容沙龍幫客人做臉部的基礎保養及護膚；等客人的皮膚狀況得到改善後，再轉到醫學美容診所做更進一

步的治療；反過來，也可以先做皮膚的治療，再到美容沙龍館做保養，如此才能大家都開心，並創造出良性、和諧的醫療環境。

⊙美容場所比較表

	業務形態	執行業務	療程形態
醫學美容診所	醫療	醫師	臉部和身體治療及保養，點滴式注射，肉毒桿、填充物注射。
美容沙龍	保養	美容師	臉部和身體的保養、按摩、去角質。
SPA會館	保養	美容師	臉部和身體的保養。按摩、去角質、美甲、水療SPA、蒸氣、烤箱、熱石、敷體、太空艙、減肥按摩、胸部按摩、G5/G8體雕、PT體雕、LPG體雕等。
傳統按摩	保養	一般人員	臉部和身體的保養按摩，腳底按摩、拔罐、刮痧、挖耳朵、修腳皮。

健康管理

在過去，大多是三十五歲以後的女性為皮膚老化的問題所苦惱，但是現代人工作壓力大，許多年輕女性也提早出現細紋。最近的臨床觀察，發現許多二十五至三十五歲的粉領上班族都為此所苦，原因除了熬夜外，也跟上班時經常皺眉、抿嘴等習慣有關。另外，長時間使用電腦，雖然低能量輻射對健康無害，但會使皮膚的角質層保護能力變差，膠原蛋白流失較快，而加快老化速度。

調查發現，高達八成的粉領上班族認為，皮膚鬆弛、暗沉是因長期加班熬夜所致。皮膚科醫師表示，加班熬夜的生活形態的確會使皮膚的膠原蛋白快速流失，造成皮膚鬆弛、暗沉、產生皺紋。

透過健康檢查更能夠了解身體的狀況。常規的血液、生化、血清、尿液、糞便、儀器的輔助（如X光、超音波、電腦斷層、核磁共振等）檢查結果，經專業醫師的判讀，整理出完整的報告給受檢者，異常部分可以提供給受檢者幾個後續需注意的重點：

- 飲食及日常生活的調整，三至六個月後再次針對異常報告值數做追蹤。
- 異常檢驗值及報告達到需治療時，可以跟醫師討論治療的方向及目標。
- 透過健康管理師的提醒，追蹤常規的檢查時間表及異常值數。
- 透過健康檢查的飲食衛教及生活習慣的調整，可以改善腸胃道的機能及營養素的代謝和吸收，進而改善皮膚的狀況。

Point

為什麼會有黑眼圈及黑斑?

眼部四周的皮膚比較薄也沒有脂肪，如果眼睛四周含氧量不足就會造成血液黯沉，黑色素沉積後會造成明顯的黑眼圈。黑斑的生成原因很多，尤其是紫外線，皮膚長期受日光照射會引起表皮黑色素增生，而基底細胞缺氧無法有效分解黑色素，就會形成黑斑。由以上可知，皮膚與氧息息相關。

根據醫學報告，二十五至三十歲的皮膚含氧量只剩下新生兒肌膚的35%。人體吸入肺部的氧有7%會被全身皮膚所利用，所以想擁有水嫩通透的皮膚絕對不可缺少氧。而皮膚含氧量減少，會使新陳代謝變慢，養分供應及膠原製造不足，反應在皮膚上便會出現老化、黯沉、鬆弛、黑眼圈等狀況。

因此想要提高皮膚含氧量，除了規律運動、充足睡眠外，也可以多補充有氧飲料，幫助改善黑眼圈及黑斑等皮膚問題。

（資料來源：台北市有氧健康協會）

選擇指標

現在微整形療程相當普遍，但面對眾多與複雜的醫學美容資訊，消費者往往欠缺明確的指引。建議在進行手術前，務必要諮詢專業醫師，了解治療過程及術後護理方式，以免花大錢卻得不到預期的結果。

微整形療程的首要選擇指標，是找有好口碑的醫療院所與醫師，其次，可考慮到規模大一點的醫院或者是醫學中心，其所使用的材料與儀器之品質會比較固定與穩定。另外，聰明的消費者務必在術前跟醫師當面溝通，儘管是溫和的換膚療程，都應由專業醫師評估個人膚質情況後再進行治療，方為妥當。

換膚保養是民眾的基本需求，雖然微整形手術的風險較低，還是需要多多與醫師溝通。像是最受消費者歡迎的玻尿酸注射療程，目前市面上充斥各種不同的品牌和劑型，效果也不盡相同，小分子玻尿酸是針對臉部皮膚紋路及皺紋注射，大分子玻尿酸則適用大範

圍的凹陷補充、拉提和補水，術後不可以按壓施打部位。此外，熟女最愛的肉毒桿菌素注射，除了可以改善臉部肌肉線條，也能改善抬頭紋、魚尾紋、笑紋等紋路，醫師建議，消費者在注射四小時內應盡量保持頸部直立，多做臉部表情讓肌肉平均吸收，且勿按摩注射部位，才能達到最佳效果。

　　在這些基本療程中，是否也能兼顧到安全、舒適、效率三大關鍵，是民眾應該注意的焦點。進行微整形之前，一定要與醫師當面諮詢、多溝通，選擇經衛生署核准的醫美產品，千萬不要貪便宜，接受一些來路不明的療程，以免帶來更多的副作用，反而得不償失。

診間故事

⊙花錢沒感覺

一位媽媽帶著女兒到診所除腿毛。

媽媽在打的過程說：「醫師，我怎麼都沒感覺啊？這樣打有效嗎？」

醫師說：「有啊！科技的進步要求安全、舒適、有效，所以媽媽在很舒適、沒有感覺的情況下完成了一次治療。」

換女兒治療時，她一直叫痛，跟媽媽說：「怎麼不痛呢？有感覺啊！」

醫師說：「媽媽沒感覺是正常的，因為媽媽的皮膚較白，腿毛沒長得那麼濃密，所以在治療過的感覺，比較不會痛及不適。」

⊙刷信用卡沒感覺

一位熟客想要再次打電波拉皮，問醫師：「現在打一顆900發的電波拉皮要多少錢？」

醫師說：「大概○○○元。」

客人說：「怎麼那麼貴？」

醫師問：「那妳有帶信用卡嗎？」

客人問：「要做什麼？」

醫師說：「幫妳刷卡啊！」

客人問：「那帳單要寄到哪裡？」

醫師說：「我幫妳刷卡，妳比較不會心痛。帳單當然是寄到妳家啊！」

微整形逆齡之鑰

⊙美女滿天飛

一位客人在做臉時好奇的問醫師。

客人問：「醫師，您每天上班看那麼多的美女，難道不會心動嗎？」

醫師說：「當然會，但是我都不敢行動。因為，第一，醫師和客人是要彼此尊重的，所以上班時間要跟客人保持距離。第二，我的上班時間較長，下班後也累了，沒有精神跟體力。第三，如果每一位客人都心動，離婚協議書會簽不完。」

⊙要虧反被虧

一位外籍女性客人到診所做臉部的電波拉皮治療，因施打的過程中，臉部會有熱燙的不適感，加上客人本身又緊張；經醫師補充說明基本的治療及原理後，醫師建議客人：「如果覺得熱及不適時，可以脫下衣物及拿開所蓋的棉被。」結果，客人回應：「醫師，我的臉熱，但心不熱！」

⊙要美就要忍

一位年紀約三十歲的美魔女，生完小孩已有一年了。以往在夏天時，她都會很開心的去海邊玩，但今年的心情卻非常不愉快，因為她穿上喜歡的泳衣後，嚇了一大跳，便到診所求助，該如何協助幫她回復到以前的翹臀。

經諮詢後，醫師建議可以施打電波拉皮來改善。

在治療的過程中，醫師覺得奇怪，怎麼會有人在低聲的自言自語呢？

客人說：「醫師，您繼續打吧，我會忍耐的。」

醫師說：「有需要調整能量嗎？有感覺到熱熱的、冰冰涼涼的、刺刺的感覺是正常的。」

客人說：「好，我知道。您繼續打吧。」

醫師在繼續治療的過程中，還是有聽到客人的自言自語，於是就豎起耳朵，仔細聽她到底在說些什麼？聽完，忍不住大笑一聲。

客人說：「忍耐！不痛！我要穿比基尼！」

⊙有鼻子真好

有一位年輕小女生到診所諮詢隆鼻事宜，她想要把鼻子墊高一點。醫師建議，如果是第一次接觸微整形，應選擇恢復期短、可逆的治療，所以建議先施打玻尿酸。

醫師一邊治療，一邊跟客人聊天，以舒緩她的緊張情緒。順利完成隆鼻微整形治療，經冰敷再塑形後，醫師拿著鏡子給客人看術後的狀況。

客人激動、興奮又感動說著：「我終於有鼻子了！」

⊙護照怎麼會變臉？

有一位客人去美國旅遊，因飛行時間長，所以沒化妝。回程時，海關覺得客人跟護照照片長得不像，就請她到隔壁的辦公室約談。

海關人員問：「您跟護照照片看起來不像，真的是您本人嗎？」

客人說：「是啊！」客人拿著自己的護照看了一下說：「因為旅途飛行較遠，所以沒有上妝。」就到化妝室補妝，再給海關人員看一下。

海關人員看到補妝後的客人跟護照照片是同一個人，便讓客人過關了。

　　客人開心著過海關了！回想到三年前，他打了電波拉皮及填補了玻尿酸在臉上，看起來比實際年齡還年輕些！

⊙微整也要開診斷書

　　來臺灣做醫學美容及整形手術的客人不少，在離開診所前，客人都會要求要開立診斷書，內容必須包括治療期間及治療項目。

　　診所人員好奇地問客人：「開診斷書是要申請保險用的嗎？」

　　客人：「當然不是，保險是不給付美容治療支出的。這是要給海關人員看的，在治療後會腫脹及瘀青，診斷書是要向海關證明，我跟護照中人是同一個人。」

醫學美容技術可概括為整形美容、治療美容、保健美容，包括透過外科手術使先天性容貌缺陷、畸形和後天性容貌傷殘獲得修正及一定程度的恢復；或者是通過內服或外治等醫療手段，治療各種皮膚及其他各科疾患，以恢復人體健康和外在之美；至於保健美容，就是把日常生活保健和美容互相結合，在良好的飲食和起居習慣之外，有規律地進行皮膚護理、身體鍛鍊、飲食調養等來預防疾病，維護健康，獲得內外一致的美麗人生。

因此，讀者應該了解到，完整的醫學美容領域，是結合美容與養生保健，也就是透過許多不同的方式促進健康，讓身心更加臻於真善美的境界。嚴格說來，對於醫美保健依賴的程度只能占三成，剩餘七成都應該依賴每日的飲食與生活習慣來促成。

美容與保健是人類對美學追求的新指標，美學、知識傳承與創新是一種使命，也是提昇人類生命科學的生命價值與意義。美容保健須從生理層次出發，進而關注身心平衡之保健方法。健康關係著一個人的整體觀，每個人都想要美麗及長壽，卻沒有好好花心力認識自己，根據自己的狀況加以保養身體。

人們對於「健康美」的追求日益熱烈，除了外表的美麗，更隨著精神生活的日益豐富和物質生活水平的不斷提高，人們越來越渴

望著內外兼顧的完整美麗。健康必須是身心兩者皆備的，想要美麗又兼顧健康，最重要的一條途徑是積極學習和切實在生活中實行保健之道。

為了在生命中的每一天，讓自己充滿自信與光采、維持最佳狀態，透過前述章節的介紹，讀者應已經理解皮膚之生理結構與醫學美容的各種功能，以下將透過養生飲食、保健運動、美顏生活習慣、中醫美容等章節，提供更生活化的美容及保健錦囊妙計，一次讓您擁有全方位的美麗祕密。

養生飲食

很多崇尚美麗的女生會想盡一切辦法來讓自己的面子光可鑑人。除了上述章節介紹的醫美療程外，平時若能加以留意飲食習慣，效果更佳。

(1) 膠原蛋白

保養得宜的女士們，越年長就越計較臉蛋看起來是否光滑飽滿，柔軟又具彈性。想要消除歲月的痕跡，維持皮膚的彈性與光澤，不讓鬆弛和小細紋成為臉上的注目焦點，除了採取醫學美容的技術來袪除歲月留下來的痕跡外，個人的自我保養才是重點。

年輕時，皮膚能夠細膩光滑，緊實又有彈性，原因是存在於真皮層裡的膠原蛋白，纖維母細胞製造出來的纖維狀蛋白質，具有良好的支撐力，在皮膚中的主要生理機能為結締組織的黏合物，能將水分保留在真皮層中，是提供皮膚保濕、維持彈性及緊縮性的主要

物質。

但隨著年齡增加，纖維母細胞的產能就會慢慢下降，皮膚與肌肉中的水分也會減少，再加上陽光紫外線照射、空氣污染、壓力及體內的氧化作用等種種因素影響下，膠原蛋白的流失速度比生成還要快，導致供給趕不上耗損，皮膚就開始出現老化的跡象，包括乾澀粗糙、鬆弛、晦暗、斑點、紋路變得明顯等。

在日常飲食中，有海參、牛筋、牛尾、豬腳、雞爪、鵝掌、蹄筋、魚皮等天然食物富含膠原蛋白。但此類食品的脂肪含量多半較高，容易導致肥胖和高血脂，不適合經常食用；且這種大分子的膠原蛋白若沒經過處理，人體無法直接吸收，需轉化成小分子的活性膠原蛋白才行。

因此，市面上的膠原蛋白產品便成為替代方式。目前，市面上補充膠原蛋白的方式多元，其中以口服方式為大宗。近年來，日本開始流行以吃的方式補充膠原蛋白，強調「吃的保養品」能經由口服的方式，補充人體流失的膠原蛋白。

基本上，服下的膠原蛋白經腸道分解成胺基酸之後，有多少能被吸收再轉合成為人體可利用的膠原蛋白，須視個人腸道功能及體質而定。值得注意的是，服用膠原蛋白的同時，若同時補充維生素C，則有助於皮膚纖維母細胞增生，穩定膠原蛋白結構，幫助皮膚順利合成膠原蛋白。

除了口服產品外，在日常生活中做好防曬工作，避免紫外線對皮膚造成傷害，加速膠原蛋白流失，同時注意飲食均衡、睡眠充足、減輕心理壓力，也是減緩皮膚衰老的好方法。

(2) 解毒食物

日常生活中無法避免的化學成分、食品添加物，會對美麗造成威脅。現代人生活環境中的有毒物質，會使人體內產生自由基，它會攻擊蛋白質、核酸和脂肪，使其受傷或者引起變化，導致細胞衰老。根據研究表示，含豐富胡蘿蔔素的食物可消除人體的自由基，包括：紫菜、甜瓜、胡蘿蔔、柑橘、南瓜、柿子、木瓜、柳橙、牛奶、蛋黃、魚類等。

當體內的毒素累積到相當程度，肝功能跟腎功能會出現一些異常，出現過敏、長痘痘、瘡癤，易口臭、便祕等情況，更有可能誘發癌症，可以多吃排毒食物來化解。

常見的排毒食物有：綠豆、紅豆、白木耳、黑木耳、番茄、西瓜、奇異果，以及中藥的人參、甘草、紅棗、菊花、黃芩、黃連、梔子等。其中又以木耳、豬血、綠豆、蜂蜜的功效最為顯著且物美價廉。

・木耳：生長在陰涼潮濕的環境中，中醫認為有補氣活血、涼血滋潤的作用，能夠消除血液中的熱毒。
・豬血：具有很強的滑腸作用，經常食用可將腸道內的大部分毒素帶出體外。
・綠豆：味甘性寒，有清熱解毒、利尿和消暑止渴的作用。
・蜂蜜：生食性涼能清熱，熟食性溫可補中氣，味道甜柔，具潤腸、解毒、止痛等功能。
　　　除了上述排毒食物，以下幾種食物的排毒效果也不錯。
・絲瓜：屬於甘平性寒，有清熱涼血、解毒活血作用。
・黃瓜、竹筍：清熱利尿。

- 芹菜：可清熱利水、涼血清肝熱，具有降血壓之功效。
- 胡蘿蔔：可與重金屬汞結合，將其排出體外。
- 大蒜：可使體內鉛的濃度下降。
- 蘑菇：可清潔血液。
- 無花果：富含有機酸和多種酶，具有清熱潤腸、助消化、保肝解
  毒功效。近年來發現，無花果對二氧化硫、三氧化硫、氯
  化氫及苯等有毒物質，有一定的抗禦能力。

(3) 瘦臉蔬果

　　有些新鮮蔬果除了排毒外，更可以幫助瘦臉，例如草莓、黑
莓、藍莓等莓類漿果。這些蔬果可以雙向調節人體機能，能降血壓
和血脂、消炎、生津止渴、提神補氣，預防高血壓及咽喉炎。除了
莓類，其他新鮮蔬果的瘦臉功效也不容小覷，如柳丁、葡萄柚、西
瓜、鳳梨、水梨、橘子、芹菜、胡蘿蔔、黃瓜、番茄，未添加糖的
果汁和蔬菜汁等。其他如牛奶、優格等奶製品，也都有助於瘦臉。

- 蘋果：含有豐富的維生素、鉀及鈣，有助於代謝體內多餘的鹽
  分，蘋果酸能夠代謝熱量，防止贅肉推積，更能防止臉部
  脂肪堆積。
- 番茄：時下最紅的減肥食品，熱量低，每100克只有16大卡，相
  當於一碗飯熱量的五分之一，又容易使人有飽足感，加上
  含有豐富的膳食纖維，可以吸附多餘的脂肪排出體外，因
  此是有利小臉的好水果。
- 小黃瓜：含有一種可抑制糖類轉化為脂肪的物質，有減少脂肪囤
  積的效果。小黃瓜還含有細纖維素，對促進腸道的排泄和
  降低膽固醇也有一定的作用，如此，將不致使臉部贅肉橫

陳。

- 海帶：富含維生素A、B1、B2，另有大量的碘能夠活化代謝，改善臉部的水腫。中醫認為海帶性寒、味鹹，能軟堅散結、清熱利水、去脂降壓。含有硫酸多糖，能夠吸收血管中的膽固醇，並把它們排出體外，使血液中的膽固醇保持正常含量。海帶表面有一層略帶甜味的白色粉末，是極具醫療價值的甘露醇，具有良好的利尿作用，可以改善腎功能衰竭、藥物中毒、浮腫等。

⊙強化代謝的含鉀食物

　　在平日可以多吃含高鉀質的食材，因為鉀質能夠促進體內代謝功能，排除因為不當飲食或生活習慣所產生的臉部腫脹問題，可以讓臉蛋變瘦。

- 菠菜：小小一把菠菜就含有豐富的鉀、維生素A、維生素C，但是需特別注意烹調方式，因為菠菜是相當容易流失營養的食材。
- 豆苗：綠色的豆苗有相當豐富的營養，其中當然少不了能消除水腫的鉀，而且豆苗可以強化咀嚼效果，是兼具營養價值及促進口腔活動的優質食品。

⊙有助消除浮腫的生活習慣

- 口味清淡：食鹽中含有鈉，食用過多的鈉會造成體內水分滯留，長期下來不但影響血液循環，更會影響身體健康。另外，重口味的調味料，例如醬油、烏醋、番茄醬、沙茶醬……等，都要避免過量食用。這些食物吃多了，只會造成水分滯留的問題，如果不希望臉看起來浮腫，口味清淡是一定

要遵守的原則。

· 睡前少喝飲料和水：因為晚上身體的新陳代謝比較差，如果睡前又喝很多水或飲料，第二天難逃臉腫的命運。

· 避免抽菸：抽菸不但會損害健康，對臉部皮膚更有極大的殺傷力，因為香菸中的尼古丁成分會讓臉蛋腫脹，還會使皮膚暗無光采。

(4) 給你好氣色的含鐵食物

血液是人體的運輸工具，負責將氧氣及養分運輸到全身的每個角落。如果發生了貧血問題，如同運輸工具不足，無法充分供應細胞所需，細胞就無法正常發揮功能，人體就會產生疲勞、健忘、缺乏活力等現象，也會因臉色蒼白而影響外觀。

動物肝臟、豬血、瘦肉（紅肉）、海藻、蛋黃、全穀類、堅果類、綠葉蔬菜都含有豐富的鐵質。而肝臟、豬血、瘦肉（紅肉）等動物性食物的吸收率，又比植物性的鐵質來源好。

其中，動物肝臟可說是補血的最好食物，不但含有豐富的鐵質，也具有良好的蛋白質，更含有豐富的造血維生素（葉酸及維生素B12）。但動物肝臟的膽固醇含量高，還有荷爾蒙抗生素殘留的可能，所以選擇優質肉品廠商（如CAS優良肉品認證），一週吃一次動物肝臟，應該是聰明而健康的吃法。

吃素的朋友可以選擇深綠色蔬菜，像是波菜、紅莧菜、綠花椰菜、番薯葉，以及紅豆、黃豆、黑芝麻等食物來補充鐵質。

如果攝取鐵質營養補充劑，可以與果汁共飲，像是柳橙汁、檸

檬汁，也可以跟草莓一起食用。因為維生素C有助於鐵質的吸收，研究報告指出，每75毫克的維生素C約可以促進三至四倍的鐵質吸收速度。相對的，鐵劑不要與牛奶共食，因為牛奶會抑制鐵質的吸收。

(5) 花草茶飲

　　想知道如何透過吃吃喝喝就能變美麗的妙招嗎？以下這些花草茶都能幫助你由內而外變美麗！

・減肥花茶：山楂為水果之冠，營養豐富，具有消食積、散瘀血、驅條蟲、降血壓、降血脂的作用。

・紅雪茶：清心開竅，能降血脂、膽固醇，軟化血管，對高血壓、肥胖症、神衰體弱效果顯著。

・合歡花：安神益氣，可改善失眠、健忘、神經衰弱。

・洋菊花：可散風清熱利濕、除煩降壓、平肝明目、抗疲勞、降脂減肥。還有獨特的美容奇效，長期飲用對女性臉部美容有很好的療效。

・月季花：可活血調經、消血腫。用於痛經、月經不調、血瘀腫痛、筋骨疼痛。孕婦禁用。

・玉蘭花：可祛風形寒、通竅，改善風寒感冒、頭痛齒痛、鼻塞、急性鼻炎、鼻竇炎、過敏性鼻炎，降血壓，抑制多種致病性真菌。

・臘梅花：能有效改善因內分泌紊亂引起的黃褐斑、肝斑、暗瘡。可止咳化痰、解渴生津、順氣、調整內分泌紊亂、解鬱降火、補血、健脾胃通經絡、消炎；外用為使皮膚變白嫩紅潤的理想上佳用品。另可改善糖尿病。

- 玉美人：與蟲草、雪蓮同譽為藏寶。可減肥、潤膚烏髮，調養氣血、滋陰補腎。
- 貢菊：菊花中的優良品種，能平肝明目、清心、避暑除煩，改善風熱感冒、目赤腫痛、膽虛心燥。搭配枸杞，效果更佳。
- 梅花：可改善青春痘、粉刺、黑斑。另可搭配玫瑰花及檸檬草，效果更佳。
- 金銀花：清熱解毒、消炎殺菌、利尿減肥。
- 桂圓紅棗茶：將桂圓五錢、去子泡軟的紅棗五顆，加五碗水，煮成五碗分量的茶，再放入適量冰糖即可飲用。
- 綠茶：含有豐富的活性物質茶多酚，具有解毒作用。茶多酚為一種天然抗氧化劑，可清除活性氧自由基；因有助於重金屬離子沉澱或還原，可作為生物鹼中毒的解毒劑。另外，茶多酚能提高機體的抗氧化能力，降低血脂，緩解血液高凝狀態，增強細胞彈性，防止血栓形成，緩解或延緩動脈粥狀硬化和高血壓的發生。
- 澎大海：清音利咽、清腸通便，常用於乾咳失音、咽喉痛、熱結便祕。
- 蘋果蘿蔔汁：使用紅蘿蔔半條、蘋果一個、檸檬、蜂蜜，把紅蘿蔔、蘋果放入果菜機，打成新鮮果汁，再加入三至五滴檸檬汁和少許蜂蜜即可。

(6) 去脂食物

　　現代人的飲食多半過於豐富，加上年紀漸增之後，新陳代謝變慢，以致於越來越多人身材走樣。如果選擇正確，「吃」非但不會變胖、身材不會變形，還能有效幫助脂肪分解！

- 綠豆芽：含有較高的磷、鐵之外，也含有大量的水分。多吃綠豆芽，不容易讓脂肪在皮下形成。
- 鳳梨：含有蛋白質分解酵素，具有分解魚、肉的功能，吃過大餐後可以吃些鳳梨。但是體質不適合吃太涼食物的人，要盡量少吃。
- 薏仁：除了美白治痘外，對水腫型的肥胖也很有幫助。
- 烏賊：每100克的脂肪含量只有0.7克，吃了它要變胖是很困難的。
- 木瓜：含有蛋白分解酵素、南瓜素，有分解脂肪的功效。《本草綱目》記載，木瓜可以去水腫、改善腳氣病。
- 冬瓜：利水消腫，經常食用可以幫助排出體內的毒素和多餘的水分。
- 陳皮：對脾肺很好，幫助消化、排除胃部脹氣、減少腹部脂肪的堆積。但是患有心血管疾病的人最好少吃。
- 雞肉：去皮的雞肉雖然口感較粗，但肉質瘦，是十分理想的瘦身、瘦臉食物。
- 西洋芹：具有高營養價值及促進口腔活動的功能，在夏天簡單地生吃，十分可口又健康。
- 芝麻：含有維生素E、B1及鈣質，其中的「亞麻仁油酸」能吸附血管壁上的膽固醇，是兼具瘦身效果、養顏又美容的健康食材。不過，在食用前要先磨成粉，才能有效的被人體所吸收。芝麻對增加皮膚的光澤和彈性很有效，半熟時食用效果最佳。
- 烏龍茶、黑咖啡：一定要純正，不要加奶加糖，否則會增肥。
- 冬瓜玉米湯：冬瓜和玉米都有去脂肪、去水腫的作用。
- 檸檬：可軟化並清潔皮膚，以及增加臉部彈性。

- 紅豆湯：每天煮一小鍋不加糖的紅豆湯，去豆只喝湯，能有效地排出身體多餘的水分。
- 蓮子心：清心去熱、止血、止渴，可緩解心衰、休克、陽痿、心煩、口渴、遺精、目赤、腫痛，蓮子心沖水喝可改善便祕。

(7) 堅果與豆類

堅果含充分的維生素和油脂，可使支撐脂肪的肌肉纖維變得強壯有力。堅果類、豆類及穀類是植物性蛋白質最豐富的來源，很容易互相捕捉利用。因此，主食若是以穀類（玉米、麥類及其製品）搭配豆類共食，可互相聯合成完全蛋白質，足供人體所需。

主食應多選擇未經精緻的全穀類食物，如糙米、燕麥、胚芽米等，以增加維生素、礦物質及纖維素的攝取量。纖維是身體的清道夫，足夠的纖維量加上水分，身體久而久之就不易形成脂肪堆積。

保健運動

近年來，政府積極推動體育相關政策，培養全民運動習慣，以奠定競技運動的發展及提升國人之健康。

根據衛生署最新統計發現，國人的過重或肥胖比率（身體質量指數〔Body Mass Index，BMI〕≧24）已經高居全亞洲各國之冠，成年男性一舉突破51.1%，換句話說，每兩人就有一人過重或肥胖；成年女性過重或肥胖比率也高達35.8%。且臺灣每週運動不到九十分鐘的人口比率，更是世界名列前茅。更別說「每週運動三次，每次三十分鐘」的基本運動量，臺灣男性缺乏運動比率為68.5%，女性更高達79.3%。

再比對體委會的調查，有運動習慣的女性上班族，每週平均花十小時在下班後或假日時運動。女性運動的主要目的，除了追求健康外，美麗瘦身亦是前三名的熱門需求！

全臺灣約有2,700萬人口，女性為總人口數的二分之一，而女

性規律運動的人口數又不及男性，前陣子還出現「泡芙女」這個新名詞，指外表看起來標準甚至偏瘦的年輕女性，測量後發現竟然體脂肪過高，明顯肌肉量不足。想要改善這樣不健康的狀況，就需靠運動、控制飲食雙管齊下。

泡芙裡面包的內餡都是奶油，外觀看起來很漂亮、很可口，但搓一下就碎了。當累積在身體裡的脂肪量越來越多，尤其是身體狀況不好時，慢性病就會跟著上身。因此，飲食、運動雙管齊下，泡芙女才可以達到真正的健康窈窕。

時下許多年輕女性在進行體重控制時，只願意節食，卻懶得運動。減重時，減掉的是什麼？脂肪，還是水分或肌肉？若沒有搭配適度運動的節食，只會造成假象苗條。

年輕時，如果沒有把基礎代謝率維持在良好狀況，隨著年齡增長，體脂肪就會越來越高。根據統計，三十歲以下女性的體脂肪應在17～24％，三十歲以上女性的體脂肪比率應在20～27％，體脂肪超過30％就屬於泡芙女。臺北市聯合醫院仁愛院區曾分析1,592位女性，發現三十至三十九歲的女性中，有55％是泡芙女。

健康減肥最好的方法就是運動減肥，在琳瑯滿目的運動項目中，最有效的運動減肥方法就是有氧運動，因為有氧運動可以幫助體內的脂肪燃燒，提高人體新陳代謝的速度。所以，想要健康減肥的朋友們，可以選擇多做一些戶外健身運動，尤其是消耗能量較多的運動。

⊙聰明運動法
・有氧運動

例如慢跑、快步走、各種球類運動等等。週末假日還可以去爬山、游泳，這些活動既可以放鬆工作帶來的緊張感，又可以豐富自己的生活，最讓人獲益的是還有減肥的功效。每次運動的時間最好不要低於三十分鐘，才可以達到有氧運動的目的。

・在上午運動

很多選擇運動減肥的人都把運動時間排在早上。運動專家們認為，上午運動可以讓身體的新陳代謝一整天都處於較高的水平，也可以活躍心理狀態。新陳代謝提高了，體內的脂肪燃燒也就越多，減肥效果也就更快、更明顯。況且，上午運動之後，人體因為運動而產生的興奮感還會持續一段時間，不但不會引起午後睏倦，還有助於改善晚間的睡眠質量，是很好的減肥方法。

・有意識地多運動上臂

做各種運動時，注意上身和下身在熱量消耗上的平衡。例如在跑步或其他下身運動時，有意識的活動上身。

・堅持運動不偷懶

選擇以運動的方式減肥，就一定要堅持下去。因為運動減肥雖效果持久，但是成效比較慢，想要成功就必須堅持。

・阻力訓練

提升肌肉質量的最好運動方式，就是阻力訓練，包括過肩蹲舉、橋式和前伏反向飛鳥等三項運動，不用額外使用道具，也不需要太大的空間，就可以輕鬆運動、窈窕曲線。

⊙推薦運動

・打羽球

若以運動項目分類，根據衛生署所提供的運動消耗熱量試算表，一名五十公斤的女性，騎單車一小時大約能消耗150大卡的熱

量，但打羽球一小時卻可消耗255大卡的熱量，再加上羽球的運動量適中、室內、室外都合宜，近年來榮登女性朋友最喜愛的熱門運動項目之一。

- 騎單車

這種減肥方法要求騎腳踏車的時間不用太長，一般五至十分鐘就可以了。在騎車的同時，可以活動到全身許多的關節，對身體健康有很多好處。

Point

過肩蹲舉

→雙腳打開與肩同寬，腳尖向前，雙手舉高至耳朵旁。

→稍往下蹲到大腿和小腿呈直角，但膝蓋不要超過腳尖，屁股要往後坐的感覺，呈半蹲姿勢。

→回到站立位置。

橋式

→平躺在地上，腳屈膝和身體呈直角。

→把臀部往上抬，使大腿與身體成一條線。

→臀部繼續用力，保持呼吸十次，再慢慢往下平躺。

前伏反向飛鳥

→兩腿微蹲，身體向前，盡量與地面平行。

→握拳，雙手大姆指朝上。

→雙手張開至肩胛骨有夾緊的感覺，腹部和背部肌肉都要用力。

→雙手下放，回到開始的位置。

- 跑步

  路跑運動是最不花成本的瘦身美容運動，重點是保持一顆持之以恆的心，勇於去挑戰。而且，藉由走出戶外、享受陽光，可以讓女性健康的更自然，不用花大錢，又擁有好身材。路跑重要的是，跑步前要做好熱身的工作，例如屈膝、壓腿及伸展，先讓身體伸展開來，做完準備，就可上路了。

38法則，女性要遵守

為了讓身體機能能夠保持及達到最佳的狀態，除了要注重飲食均衡營養、擁有良好的生活習慣外，維持適量的運動也是非常重要的一環。擁有健康的體能及體重，才能散發自信洋溢的吸引力；如果久坐不動，再加上不健康的飲食及生活習慣，很容易讓腹部肥胖甚至全身肥胖，危害到健康及體態。

國民健康局建議新時代女性，每天累積運動三十分鐘，腰圍保持在80公分以下，BMI指數保持在18.5～24之間，就能活得健康又快樂。

要是沒有時間運動怎麼辦？國民健康局建議將運動生活化，隨時隨地累積運動量，就可以擁有健康的體態：

- 外出多利用大眾運輸工具，提早出門，提前一站下車，再步行至目的地，讓一整天的精神更飽滿有活力。
- 可以走樓梯就不要坐電梯，步行走上幾層樓後再搭乘電梯，慢慢增加自己的運動量。
- 利用空的寶特瓶，裝水或沙子替代啞鈴，訓練肌力。
- 在家中自製小階梯，疊起來約15～20公分高，用繩子固定好，在

電視節目開始時踩，廣告時段休息；多重複幾次，心肺功能一定會增加。

- 分段累積運動量，效果與一次做完一樣，但每次至少要連續十分鐘。例如每天應至少運動三十分鐘，就可以拆成每次十五分鐘，分兩次完成；或是每次至少運動十分鐘，分三次完成。

　　簡單的幾個方式，是不是讓天天運動這件事情變得簡單許多了呢？就從今天開始執行吧！

　　國民健康局已設置0800-367-100（瘦落去、要動動）健康體重管理諮詢專線，由營養師與運動專業人員，提供客製化諮詢服務，即時為民眾解答健康減重相關疑問。每日（包含假日）上午九點至晚上九點，提供國、臺語免付費電話諮詢服務，以協助民眾輕鬆快樂達到減重目標，歡迎民眾多加利用。

333運動法則

　　除了國民健康局呼籲的38法則外，還有一個333運動法則是較為彈性的指標。除了有益健康外，還對睡眠、美容有很大的幫助。

　　睡眠對女人來說，其作用不亞於任何養顏聖品。雖然在現代多元化的社會中，每個人的生活習慣不盡相同，但大致上來看，平日的平均睡眠時間為六至七小時，假日則為七至八小時。也就是說，在一天之中，我們有三分之一到四分之一的時間都在睡眠中度過。大家都知道高品質的睡眠有助於健康與美容，但是怎樣才能每天都好好睡個美容覺呢？

　　根據醫學研究指出，人的表皮細胞新陳代謝最活躍的時間，

是從午夜至清晨兩點，能使皮膚保養和修復達到最佳效果。由此可知，熬夜對皮膚是最不好的，將影響細胞再生的速度，導致皮膚老化，其恐怖的後果會直接反應在女性的臉龐上。

因此，患有睡眠障礙的女性，通常會使皮膚真皮下組織微血管的營養供應不足，導致皮膚顏色晦暗、蒼白，或出現皺紋，甚至變粗糙憔悴，也會造成眼睛周圍皮膚色素的異變，出現黑眼圈。所以，建議愛美的女性們，如果想保持臉部皮膚水噹噹，請務必養成在午夜十二點前入睡的習慣。

想要促進睡眠需求，建議試試333運動法則，利用運動讓白天消耗足夠的體力及熱量，不斷累積睡眠需求，如此方能重新找回晚上的睡眠需要。建議一大早就運動，或是在睡前三小時以前完成當日的運動計畫。

想要實踐333運動法則，健走跑步是很好的有氧運動，到健身房做重量訓練也很好，體力要靠累積的方式，才能保持效果。這項法則有別於連續運動三天，然後休息四天的方式，主要原因是運動量過於集中，不但讓身體過於疲倦，無法達到效果，更容易因為過於勉強而導致運動傷害。況且重量訓練不同於有氧運動，需要讓肌肉有四十八小時復原及修補的時間，所以兩天一次最有效果，每天

Point

333運動法則

· 每週三次（運動頻率）
· 每次三十分鐘（運動時間）
· 維持心跳每分鐘130下（運動強度）

做反而難以進步。要養成一個好習慣並不簡單，包括身體和心理都要加以調適，所以要盡可能的保持上述原則，只要了解該法則對身體的作用方式，就較容易達到目標。

⊙基本運動處方

週一：有氧運動二十分鐘，重量訓練四十分鐘。

週二：休息或有氧運動二十至三十分鐘。

週三：有氧運動十五至三十分鐘，重量訓練十五至四十五分鐘。

週四：休息或有氧運動二十至三十分鐘。

週五：有氧運動十五至三十分鐘，重量訓練十五至四十五分鐘。

週六：休息或有氧運動二十至三十分鐘。

週日：休息。

333運動法則不分運動的種類，每項皆可採用此種原則。持續三個月以上，則可提高人體的免疫力，有效預防疾病，也可達到減肥的功效。但是要注意的是，如果運動量太激烈，反而會造成副作用及反效果，會減少或抑制免疫力，因此，運動量適宜即可，不宜過量或太少。

由於許多人因為忙碌或場地的不方便，並不容易實行333運動法則，因此，美國運動醫學會提出，運動可以採「分期付款」，以逐步累積的方式分段進行，也就是後來的「111原則」，即以每次運動十分鐘，心跳速率達每分鐘110下的微喘程度，配合早、中、晚各一次來施行，相較於333運動法則，成效也不差。

不論是每天運動三十分鐘的38法則，或是每週運動三次的333運動法則，根據我的臨床經驗，我想跟讀者分享的是「210法則」，其定義很簡單：「不管三七二十一，每天都要運動！」因為

現代人的壓力從四面八方而來，最有效的抗壓方式就是從事有氧性運動，如果每天可以安排三十分鐘，每次運動時心跳率至少達每分鐘110下，以規律的運動，促進新陳代謝、強健骨骼、幫助神經鬆弛、減輕壓力，身體抵抗力自然會增加，不僅能降低生病機會，還可以達到適當的體重、體型，增加自信心、建立健康的自我形象，故一舉數得。

有了適度的運動，必然可以對睡眠品質帶來好的影響，睡眠是調整內分泌的最佳手段。睡眠質量高、時間夠，則意味著身體有規律的休息，長此以往，內分泌水平會趨向恆定和規律，對養生美顏有很大的好處。養成規律且長期的運動習慣，除了能改善睡眠，也能增強活力、提升幸福感，有效對抗憂鬱及焦慮症狀。

美顏生活習慣

化妝，創造獨特魅力

　　現代社會中，化妝已成為國際潮流，但很多人都不知道該如何化好妝。所謂化妝，就是要求勻稱、協調；而好的化妝方式就是要創造出屬於自己的獨特魅力。

　　以下介紹最基本的化妝知識，以及化妝基本步驟。

　　如果想要有自然又美麗的妝容，且不易掉妝，基礎工作就是化妝前做好保溼的動作，不然一上妝就很容易看到脫皮。且臺灣女性膚質的困擾大多是外油內乾型，所以特別要注重保溼。化妝前，先將臉洗淨，塗上潤膚霜或是乳液，好的潤膚霜能在塗粉底之前為化妝過程打下基礎，避免臉上皮膚乾澀，並可使皮膚看上去晶瑩剔透。

Step 1 擦隔離霜

很多女生在化妝時都跳過這一步，但這一步是很重要的。方法是，取用指甲片大小的量點在臉上，塗抹均勻，但不能用太多。

隔離霜有許多種顏色，適合不同膚色者挑選使用。

- 藍色：有良好的遮蓋作用，適合有斑點或其他瑕疵的人用。
- 紫色：適合偏黃皮膚，可使皮膚較紅潤、透明。
- 綠色：適合欲改變膚色者，可使皮膚較白皙。
- 白色：適合無暇皮膚，使膚色更為明亮、五官更立體。
- 黃色：適合臉頰泛紅的皮膚使用。

T字部位較油、兩頰較乾，屬於混合皮膚的朋友，可以選用控油保溼的潤色隔離霜來打底。

Step 2 上粉底

取用比隔離霜多一倍的量，均勻塗抹在臉部。要注意的是眼部、頭髮與額頭的交界處，都要塗抹均勻。

粉底有四種，分別是粉狀、兩用、液狀和霜狀。

(1) 粉狀粉底：用起來最為簡便的一種粉底。
(2) 兩用水粉底：沾與不沾水皆可使用，沾水使用較具透明感，且不易脫妝。
(3) 霜狀粉底：是所有粉底中遮瑕效果最好的，但若使用分量不當，容易有厚重感，會造成反效果。
(4) 液狀粉底：可以塗出自然透明的膚色，並可依不同膚質挑選。

濕潤型粉底液－一般、乾性、皺紋明顯的皮膚適用。

　　粉嫩型粉底液－一般、油性皮膚適用。

　　清爽型粉底液－油性、敏感皮膚適用。

　　冬天和夏天的化妝品，通常只有分底妝與顏色。夏天易出油和流汗，所以需要防水和控油功能，兩用粉餅會比粉底液好。至於顏色，則要使用較高明度的色彩，讓人看起來較有精神。冬天較乾燥，適合液狀粉底，同時要注重保溼。顏色方面，選用大地色系會比較有秋冬感。

Step 3 上遮瑕霜或遮瑕液

　　取少許輕輕塗在瑕疵以及周圍，不用太厚就可以蓋住斑點和痘痘。有黑眼圈的女性可以將遮瑕液塗在雙眉之間到鼻子三分之一處，這樣不僅可以遮蓋黑眼圈，還有提亮效果。

Step 4 上粉餅

　　用粉撲輕輕地拍打在臉部，注意要均勻上粉，同時，頭部的裸露部分都要上粉，看上去會更有精神。

　　如果在完成Step 3之後，妝容已經達到理想效果的話，就可以省去上粉餅的步驟，直接上蜜粉，達到提亮的效果就可以了。

Step 5 上蜜粉

　　輕輕的撲打上一層蜜粉即可，注意臉與脖子的交界處也要上。蜜粉可以用來固定粉底和彩妝，讓妝容更持久，不同顏色的蜜粉也能調整修飾膚色。此外，蜜粉還能袪除皮膚上多餘的油脂。上完妝後，用面紙按壓，可以讓妝更服貼。

Step 6 眉毛的修剪

　　第一次修剪眉毛時，可以先請專業美容師協助，之後就可以按照已經修好的形狀整理。使用眉刷、眉粉的話，效果較為自然。可依自己想要的感覺，選適合自己的眉筆，才能畫出漂亮的眉毛。

Step 7 上彩妝

　　依序上睫毛膏、眼彩、腮紅及口紅。

完全卸妝方法

　　臉部膚質若為乾性皮膚，採用卸妝乳即可；若是中油性皮膚，則可採用卸污力較強的卸妝油。

　　一般的卸妝方式，是將臉部卸妝用品塗抹在臉上，以畫圈的方式卸妝。若是使用卸妝油，則是先以卸妝油按摩後，再加上一點水繼續按摩，使油乳化，最後用清水洗掉臉上的卸妝用品。

　　彩妝偏向簡單清爽的人，可以直接用乳化型卸妝乳把妝卸掉。彩妝偏向複雜厚重的人，應先用卸妝油把彩裝卸至乾淨，再用乳化型卸妝品清洗臉部。選用防水型眼部彩妝或持久型口紅的人，務必要使用與同品牌搭配的專屬卸妝品，才能卸得乾淨。

　　千萬要記得，塗卸妝品的動作要輕柔，讓卸妝品與彩妝充分混合，就可輕鬆地把妝卸掉。同時，寧可分成數次處理，不要為了貪圖方便，一直在臉上塗來塗去，這樣的做法會傷害皮膚。使用卸妝棉時，動作也要輕一點，因為有些卸妝棉的品質很粗糙，用得不妥反而容易使皮膚受傷，加快皮膚角質增生。

微整形逆齡之鑰

在卸妝之後，要用洗面乳做最後的臉部清潔，並使用化妝水、保濕面霜或乳液來保養皮膚。

卸妝、洗臉及化妝水的使用，在化妝品學中皆屬於皮膚清潔的步驟。一般有上妝的人，才需要卸妝。不過，許多化妝品廣告中會建議我們，平日沒上妝也需要卸妝，理由是戶外空氣實在太髒，沒有使用卸妝品做深層清潔，會洗不乾淨，髒空氣將會堵塞毛細孔，造成皮膚問題。其實，目前的洗面乳、洗面皂，多數連淡妝都可以卸除，對於沒有化妝的人來說，並不需要在洗臉的過程中加上卸妝的步驟。

讓青春永駐的生活習慣

想維持皮膚光采有活力，光靠瓶瓶罐罐還不夠，更需養成良好的生活習慣，才能由內美到外。生活習慣固然無法改變自己的五官，卻可以改變皮膚質地。以下是在日常生活中就可以維持美麗的好習慣。

⊙一杯白開水

早晨一杯白開水，可以清潔腸道，補充夜間失去的水分。同時，這杯水能把胃喚醒，讓它做好進食消化的準備，具有溫胃養胃的作用。正確的喝水方法是一口一口喝，水分才會慢慢進入體內，幫助身體細胞代謝，如果一口氣咕嚕咕嚕喝光，會縮短水分待在體內的時間，沒過多久就想跑廁所了。

⊙一顆蘋果

蘋果是美容佳品，既能減肥，又可使皮膚潤滑柔嫩。其所含的大量水分和各種保濕因子對皮膚有保濕作用，維生素C能抑制皮

膚中黑色素的沉著。一天一顆蘋果，可淡化臉部雀斑及黃褐斑。另外，蘋果中所含的豐富果酸成分可以使毛孔通暢，有消痘作用。

⊙一杯醋

每日三餐中食用適量的醋，可以延緩血管硬化的發生。若居住在自來水水質較硬的地區，可以在每天的洗臉水中稍微放一點醋，就能有養顏的作用。

⊙一杯優格

從補鈣角度看，女人是最容易缺鈣的群體，而牛奶的補鈣效果優於任何一種食物，特別是酸奶，更容易被人體吸收。所以，女人應每天吃一杯優格。

⊙一瓶礦泉水

一定是要名副其實的礦泉水，它含有的微量元素和礦物質是皮膚最需要的。清洗臉部後仰臥，用礦泉水浸濕一塊乾淨的紗布，然後敷在臉上，待紗布變乾後再次浸濕，如此反覆，就等於給臉部做了一次微量元素的營養補充。

⊙一杯綠茶

綠茶中含有豐富的維生素C、咖啡因、茶氨酸，能有抗氧化、中和游離子的作用，幫助祛除皺紋、雀斑。尤其是整天對著電腦的女性，尤其需要。

⊙一張面膜

夜晚是皮膚吸收養分及新陳代謝的旺盛時間，每天晚上臨睡前，要敷一片簡單的面膜，以趕走疲勞、帶來滋潤，之後塗上護膚保養品，這樣皮膚才能得到最基礎的科學修復。因此，維持正常作

息，一天睡足八小時，並且放鬆情緒入眠，確保良好的睡眠品質，隔天精神飽滿、皮膚水嫩。

⊙出外要帶陽傘

夏天到了，女性朋友比較會注意防晒，對於要經常接觸陽光的人，使用防晒用品對健康是十分重要的。若是因為工作需要而天天往外跑，就要勤勞防晒，不論是帶陽傘或擦防晒乳，就能度過一個有陽光又健康的夏天。

⊙適度讓腳休息

常穿高跟鞋，會造成骨盆前傾、內臟下垂，導致小腹凸出。有些人因為工作需要不得不每天穿，也要想辦法適時讓腳休息一下。

⊙注意用餐速度

吃得太快，會造成消化不良，加上食物囤積造成胃凸，久而久之小腹就凸出了。此外，若是常吃得太飽，胃也會撐大。少量、多餐可以改善這個問題。

⊙拒絕冰飲

喝太多冰的飲料，容易囤積脂肪形成肥胖。女生喝冰的本來就不好，徹底改掉這個壞習慣吧。若是一下子不習慣的人，可以先從去冰飲料開始。

⊙進行皮膚檢測

很多女性朋友想要變美麗，卻不了解自己的皮膚，若有機會，不妨抽空做個皮膚檢測，多了解一下自己的皮膚，然後對症護膚。

⊙適量運動

除了保養皮膚，適量的運動能促使全身血液循環加速，使肌體

活動張弛適度，從而增強皮膚潤滑，也可令全身皮膚有大量流汗的機會，讓皮膚達到健康平衡，大大減低皮膚衰老的機會。

Point

皮膚是人體身上最大的器官，而臉上皮膚所反應出的膚質狀況，自然成為大家評美醜的依據。

肌膚的清潔保養是最不能忽略的，再好的頂級保養品，如果沒有通暢的毛孔吸收能力，也無法進入皮膚組織內起作用。

抗衰老的首要原則，必須從平日的清潔保養做起，在夜晚的清潔卸妝後，再給予皮膚適當的營養，才能達到最好的效果。L&P韓國忠南大學醫科皮膚過敏測試以及皮膚有害成分臨床測試，顯示可透過礦物成分淨化效果來保持皮膚的透明潔淨，若添加在高濃縮安瓶精華液面膜中，依照個人皮膚困擾來利用面膜，可為局部性問題提供細分化的護理，達到延緩青春的效果。

利用後天的勤快保養，加上恰到好處的微整形，就能把原來平凡的容貌蛻變成自信、自在愉悅的優質外表。給他人好印象，是重要的禮貌環節，也是踏出人際關係的第一步。

中醫美容

在廣義的醫學美容範疇內，中醫美容具備醫學美容的特點。中醫美容和狹義醫學美容的理論基礎並不同。中醫美容的理論基礎是中醫理論，而醫學美容的理論基礎是現代醫學理論，兩者分屬於不同的醫學體系，美容的手段也不同。中醫美容以運用傳統的藥物、食膳、針灸、推拿、氣功等手段見長，而醫學美容以手術見長。

中醫美容歷史悠久，自古就是一門獨立的醫學。愛美是人類的天性，為了增進容貌美麗，治療各種常見的皮膚疾病，除了外在的治療，還必須依靠內在的體質調理方式，於是產生了中醫醫學美容。中醫美容醫學包括內服和外療，在《黃帝內經》、《神農本草經》、《傷寒雜病論》、《針灸甲乙經》、《外臺祕要》等多本醫書皆有記載。

中醫美容的歷史可追溯到兩千年前，各種方法被無數人反覆運用、篩選，日臻完善。其精華為現代中醫美容及世界美容提供行之

有效的天然藥物及自然方法。慈禧太后流傳下來的保養祕方，就用了許多中醫的方法，因此到了老年，仍擁有白皙光滑的皮膚。她喜歡藉由經絡調理來使自己的容顏恢復年輕貌美，還喜歡泡澡、喝中醫養生藥膳，使皮膚細嫩光滑。由此可知，不是只有現代的女人愛美，古時的女人更是愛美，為了取悅男人，要時時維持青春容貌，因此中醫美容在古時發展相當蓬勃。

中醫美容較注重內外整體，強調容顏與臟腑、經絡、氣血的關係，無論是中藥內服、外敷、針灸、推拿、氣功及食療等，都能使精氣暢通，作用安全可靠、廣泛而持久。以下針對針灸美容與刮痧美容兩大項目說明。

針灸美容

在眾多方法如運動、飲食、醫學美容療程、營養補品等充斥美容市場的今天，越來越多人認識到，操作最簡便、安全性最高、沒有任何副作用的針灸療法，是值得重視的美容方法。

所謂針灸美容法是通過針刺、灸療等方法刺激經絡穴位，疏通經絡、調理氣血、扶正祛邪，達到調動機體內在因素，調理各臟腑組織的功能，從而減輕或消除影響容貌的某些生理性缺陷或病理性疾病，達到強身健體、延緩衰老、美化容顏的效果，是中醫美容的一大特色。

針灸美容是以中醫經絡學說為基礎的，《靈樞‧經脈篇》說：「夫十二經脈者，人之所以生，病之所以成，人之所以治，病之所以起。」說明了人的生長與健康、致病與治病，皆與經絡有著不可分割的關係。而針灸美容就是由針刺或艾灸經穴來調整經絡氣血，

對人體的穴位進行適量的刺激，並運用迎、隨、補、瀉的手法來激發經氣，使人體的新陳代謝旺盛，臉部的血液循環加快，激發經絡氣血的運行，藉以協調臟腑，濡養臉部皮膚，達到美顏潤澤的目的。

針灸美容意在滋養、調節，施針多以具有補益調和功效的穴位為主，可以讓人擁有完美無瑕的皮膚及健康美麗的好氣色，並被譽為「返老還童術」、「無痛整容術」。

針灸在美容上的基礎理論是平衡內分泌系統，可改善暗瘡、濕疹、皮膚過敏等皮膚疾患，功效明顯，標本兼治，對促性腺激素、性激素、皮脂腺等具雙向良性調節，能使皮膚回復正常功能狀態。

中醫認為有諸內必形於外，臨床研究亦顯示根據中醫理論辨證施治，用針刺穴位，能促進血液循環、增強免疫功能，可把身體的內環境調節妥當，面容便隨之光采亮麗。

隨著年齡的增長，皮膚逐漸變薄、膚色變得暗啞、皺紋增加、眼袋脹大、黃褐斑及老年斑湧現。針灸療法不但可減低皺紋的形成、使色斑變淡，針刺穴位還能激活皮膚，保持或增加皮膚膠原蛋白的養分，使皮膚增厚，改善臉部的血液循環，有效減低色素沉著，讓皮膚變得細膩光澤，回復昔日狀態。

針灸美容包括針法和灸法兩種。針刺法是採用銀針刺入穴位及患病處皮膚，再施以適當手法，使病人產生酸、麻、脹、痛、冷、熱等感覺，達到美容及健身祛病的目的。灸法則是運用艾柱等藥物放在相應的穴位及部位上用火點燃，通過藥物的滲透及局部熱效應，使身體產生各種生理反應，達到美容抗衰老以及治病的目的。

適應症

· 臉色暗沉、毛孔粗大
· 黑斑、肝斑
· 除皺拉皮

療程

　　醫師看診（耳穴調理）→洗臉→去角質→美白導入→美白或保濕面膜（針灸調理）→針灸→抗老 Q10 面膜→保溼霜、防晒霜。

常用操作方法

　　針灸師通常會用像頭髮般細的針來刺激身體的幾個穴位，以達到身體健康及緩解痛苦的目的。在做臉部針灸的時候，會把針插在皺紋及下垂的地方以增加血液循環，將氣和肌肉調和在一起，其理論為「一張健康的臉就是一張較好看的臉」。

　　針刺、艾灸、按摩都是根據經絡俞穴理論，運用不同手法，鼓動經絡氣血，改善臟腑功能，強身健體。三種手段各有特長，針刺可補可瀉，溫灸善於通補，按摩側重筋骨關節，可以互相配合應用。

常用經絡和穴位

　　透過刺激穴位，可調整臟腑功能，促進氣血運行，抵御外邪入侵，從而延緩皮膚衰老。一般認為對顏容有益的經絡有七條：膀胱經、腎經、肝經、胃經、三焦經、小腸及大腸經。可依具體情況，辨證選穴進行刺激。

　　針對臉部防皺保健，可針刺絲竹空、攢竹、太陽、迎香、頰車、翳風等穴位，配以中脘、合谷、曲池、足三里、胃俞、關元、

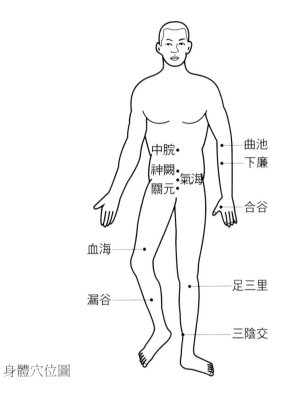

中脘•
神闕•
關元• 氣海•

曲池
下廉

合谷

血海

漏谷

足三里

三陰交

身體穴位圖

漏谷等穴位。有助益氣和血,增加皮膚彈性。

　　灸法美容簡便,效用亦很顯著。常用穴位有:神闕、關元、氣海、中脘、命門、大椎、身柱、膏肓、腎俞、脾俞、胃俞、足三里、三陰交、曲池、下廉等。根據需要燃點艾條或灸柱,對準穴位,使局部感到溫熱舒適為宜。每次選1～2穴燃燒3～5壯或燃燒艾條3～5分鐘,可每天進行。

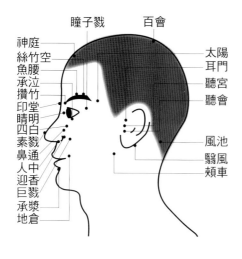

瞳子髎　百會

神庭
絲竹空
魚腰
承泣
攢竹
印堂
睛明
四白
素髎
鼻通
人中
迎香
巨髎
承漿
地倉

太陽
耳門
聽宮
聽會

風池
翳風
頰車

頭部穴位圖

刮痧美容

　　刮痧療法歷史悠久，源遠流長。刮痧古稱「砭法」，是中醫治療六大技法之首。中醫治療六法分別是：砭、針、灸、藥、按蹻、導引。砭為第一法，可見其地位之重要、應用之頻繁。

　　刮痧療法的基本原理是基於人體的臟腑、營衛、經絡、穴位等學說，運用一定的工具，刮摩人體的皮膚，作用於某些穴位上，產生一定的刺激作用，從而達到疏通經絡、和諧臟腑的目的。臟腑協調、經絡順暢、穴位透達，則人的生命律動正常，人體健康，膚色紅潤光澤、細膩，而疾病無由發生。

　　在人體上，對不同的部位進行刮痧可帶來不同的功效，例如對頭頂、腦後部進行刮痧，可健腦醒腦、振奮精神、延緩人體功能的衰退；刮摩額顳和太陽穴，可以安神止痛、清利頭目；刮摩上臉部等處，能防治五官疾病，並能聰耳明目，健美皮膚、肌肉；對前頸

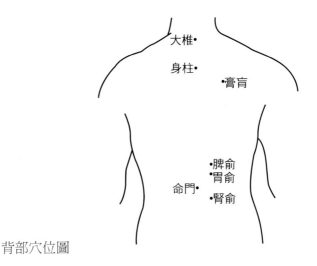

大椎●
身柱●
●膏肓
●脾俞
●胃俞
命門●
●腎俞

背部穴位圖

進行刮摩，可以通利咽喉；對後頸部進行刮摩，可以消除疲勞、祛除人體濕氣、延緩衰老。對頭、面、手足、脊椎等部位進行簡單的刮拭就能診測全身健康，提前發現潛在的病理變化，了解健康發展的趨向。

過去，提起刮痧，人們會想到紅紅的痧斑。長期以來，人們也只將刮痧用於改善發熱、感冒、疼痛性疾病，似乎與美容搭不上邊。但是隨著對刮痧療法的深入研究和廣泛應用，很多人在獲得健康的同時，發現容顏變白、變美了，於是對刮痧有了新的認識：刮痧可以養顏美容。刮痧可以快速疏通局部淺表層瘀滯的氣血，還能調理深層紊亂的經脈氣血和臟腑功能，使人獲得源自於內的真正美麗。

刮痧療法的特點是操作簡便，易學易懂，不需醫學基礎，效果顯著而無副作用，關鍵在於認真掌握刮痧要點、基本方法和刮痧

須知。其能調動身體自我防衛系統及排出血液中的毒素，淨化體內環境和血液，還暢達氣血、調節臟腑，同時清潔皮膚，並為其輸送營養，所以適合於日常美容護理，既可以消斑祛痘，又可以細膩皮膚、改善膚質、減少皺紋、延緩皮膚衰老。

臉部刮痧美容法

臉部刮痧美容，分為額頭部、眼部、鼻部、面頰部、唇部、耳部、頭部進行刮痧，一次大約需十至十五分鐘時間。

- 額部：印堂、神庭和兩側的太陽。
- 眼部：睛明、攢竹、魚腰、絲竹空、瞳子髎、承泣、四白。
- 鼻部：鼻通、迎香、素髎。
- 面頰部：巨髎、頰車。
- 唇部：人中、承漿、地倉。
- 耳部：耳門、聽宮、聽會、翳風。
- 頭部：百會、風池。

在臉部穴位後，再刮曲池、血海、三陰交各五十下。

刮痧美容常用的刮具應該是無損破裂、無鋸齒狀，厚薄適中，邊緣光滑，不導電，不傳熱，經久耐用，攜帶方便的，並根據身體、面部結構製成不同形狀的角度與彎度。

臨床上，可根據使用部位不同，選擇幾款工藝考究、小巧玲瓏、經濟實惠的水牛角刮拭板，得心應手，會有較為顯著的療效。刮痧在疏通氣血的同時，也幫助身體加速了對脂肪的消耗，隨時隨地刮幾下，瘦身塑形與健康一舉兩得。例如：刮拭頸部可永保青

春、刮肩臂可變得性感纖細、刮胸部能更添風采。此外，雙耳、雙手、背部、腹部、腰部、臀部、腿部、雙足都是可以重點刮拭的部位。

刮痧注意事項

臉部刮痧是一種簡單、安全，而且隨時隨地都可做的美容保健法，若能遵守下列原則，不但能保護你不受傷，也能得到最佳效果，以下為刮痧注意事項。

- **出痧後須休息。**

   臉部刮痧並不一定要出痧，但剛吃飽或肚子餓時皆不適合，喝酒也會導致血液循環過快，此時進行臉部刮痧可能會引發頭痛等不適反應。
- **虛弱、緊張、易血流不止者，不宜刮痧。**

   身體過於虛弱、容易緊張，或糖尿病、心臟病、高血壓、血友病、紫斑症及易出血不止的患者，皆不宜刮痧。
- **不要使用金屬或過尖的道具。**

   最好選擇臉部刮痧專用的刮痧板，否則很容易受傷，尤其是使用金屬或有尖角的道具，更易傷害皮膚。
- **皮膚異常時勿刮痧。**

   臉部發炎、出疹子或有傷口時不要刮痧，因為過度刺激反而可能會產生不良反應，或讓狀況變得更嚴重，甚至引發感染。
- **沐浴後是最佳時機。**

   剛洗完澡時，不但臉部皮膚沒有任何彩妝或污垢，而且毛孔也較為張開，是刮痧的最好時機，也能讓當成潤滑劑的保養品得到最好的吸收。
- **注意保暖。**

刮痧會使毛孔張開，因此刮痧時或刮痧後都要注意保暖，避免受寒。

・刮痧完要喝水。

刮痧後記得多喝水，如此才能讓毒素隨著水分被代謝出去，多做體內環保，才能擁有潔淨、健康的體質。

刮痧可與現代人的體質特點相結合，應用到診斷、預防、治療、美容等領域，使刮痧療法成為現代家庭保健基礎。

當然，以上所建議的中醫美容方式，還是要依據個人體質，請醫師加以辨證論治調配，才能達到最佳的效果。所以若能結合中醫的美容法寶及現代科技護膚產品，就能成為元氣美人。

康健生活 系列

國家圖書館出版品預行編目資料

微整形逆齡之鑰 / 廖俊凱著.
-- 初版. -- 臺北市：書泉, 2013.06
　面；　公分
ISBN 978-986-121-822-9(平裝)
1.美容手術 2.整形外科
425.7　　　　　　　　　102003732

3Q34

微整形逆齡之鑰

作　　　者 ─ 廖俊凱（335.8）

發 行 人 ─ 楊榮川

總 編 輯 ─ 王翠華

主　　　編 ─ 王俐文

責任編輯 ─ 洪禎璐、金明芬

封面設計 ─ 王美琪

出 版 者 ─ 書泉出版社

地　　　址：106台北市大安區和平東路二段339號4樓

電　　　話：(02)2705-5066

傳　　　真：(02)2706-6100

網　　　址：http://www.wunan.com.tw

電子郵件：shuchuan@shuchuan.com.tw

劃撥帳號：0 1 3 0 3 8 5 3

戶　　　名：書泉出版社

總 經 銷：朝日文化事業有限公司

電　　　話：(02)2249-7714　傳真：(02)2249-8715

地　　　址：新北市中和區僑安街15巷1號7樓

法律顧問：林勝安律師事務所　林勝安律師

出版日期　2013年6月初版一刷

定　　　價　新臺幣300元